図解
「物理」は図で考えると面白い

瀧澤美奈子

青春出版社

はじめに

この本は、物理を勉強する本というよりも、いろいろな「?」を物理で解決する本です。

しかも、いろいろなギモンの答えを知ることができるのはもちろん、同時に、謎を解くカギを見つけ出す「頭のいい考え方」がだんだん浸透してくる本です。

「物理は難しいし、知っていても何の役にも立たない」と思っている方が多いかもしれません。確かにそういう一面もあります。特に公式を丸暗記するような〝勉強〟の物理は、そうなってしまいがちです。また、学校の物理は将来の科学技術者を養成する科目として、最短距離で原理・原則だけが身につくように時間割りが組んであるので、あまり寄り道をしてくれません。

しかし物理は、何にでも首をつっこんで、不思議を作り出したり、解決したりする魔法のような一面をもっています。実は、世の中には物理だけが答えを知っているという現象がたくさんあるのです。

ですから、本当は身近で雑多なギモンにこそ、楽しい物理が転がっているのに、これを素通りしてしまうのは、とてももったいない話です。本書では、おおいに寄り道をしようではありませんか。

そういうわけで、本書は物理が面白くないとか、苦手だと思っている人におススメの本です。もちろん、学校で物理が得意な（だった）人も楽しめます。ただし、基礎知識はほとんど必要ありませんし、直感的な考え方だけをたどることが多いので、数式もほとんど出てきません。学校の成績も関係ありませんし、物理なんて全く初めてという人でも大丈夫です。

例えば、あるはずのないところに水が見えたり（逃げ水）、とがったものの先端にぼーっと青白い火が見えたり（セント・エルモの火）、台所の味噌汁が突然爆発したり（突沸《とっぷつ》）というような不思議なことが現実に起こります。こういう変てこな現象について、何も知識がなかった昔の人々は、恐れたり避けたりすることしかできませんでしたが、現代に生きている私たちは、その本当の理由を知ることができ、かつ正しく対処することができ、さらにそこに物理の本質が隠れていることを理解することができるのです。

身のまわりには不思議なことがたくさんありますね。素朴なところでは、虹はなぜ見えるのか、空はなぜ青いのか、雪の結晶はなぜ六角形なのか、オーロラはどうして起こるのか……などなど。

こういう素朴なギモンは、とかく答えにくいものですが、みんなが長い間、気になってきたギモンです。これまで多くの人が思考をめぐらせて取り組んだおかげで、物理で理解することができるようになっています。ですから、人類共通の財産といってもいいくらいです。ここで何をいいたいかというと、本書を読んで、もしわかりにくいところがあったとしても、悲観してはいけないということです。それだけすごいことを理解しようとしているのだから。

でも、最初は全くわからないものが、少しずつじんわりとわかり、あるところで突然霧が晴れ渡るように合点がいったときの気持ちは、何モノにもかえがたい喜びがあるものです。その知識は不思議なことに、おいしい料理を食べたときと一緒で、自分の体の一部になり、心が豊かな気分になったり、つい人にしゃべりたくなったり、幸せな気分になります。そうすると頭がぐんぐんよくなります。

それから、もしも、もう一歩先に進む気力がわいてきたら、料理が食べるだけの幸せではなく、作ることの幸せへと広がっていくように、物理も知るだけではなくて、発見できれば、その幸せが何十倍、何百倍にもふくれ上がることはいうまでもありません。

発見といっても、物理の新しい法則を見つけることは容易ではありませんから、まずは、まだ誰も気づいていないような不思議な現象を見つけることです。いつも心に「なぜ?」という気持ちをもって、頭を柔らかくして考えてみるだけでいいのです。学校の物理と違って、正解かどうかはあまり問題ではありません。自分なりの物理の考え方が正しいかどうかは、実験で試してみればいいのですから。もちろん時間制限もありません。

そんなふうに、本書を使って知識の道草を食いながら、新しい自分発見に役立てていただければ幸せです。

瀧澤美奈子

図解「物理」は図で考えると面白い――もくじ

第3部 自然現象の疑問は、物理がすべて解決してくれる 45

第4部 地球と宇宙の迷宮は、物理が答えを知っている

カバーイラスト＊中村純司
本文イラスト＊ツトム・イサジ
図版・ＤＴＰ＊ハッシィ

第1部

ずっと気になっていた不思議を物理が解き明かす

サウナに入っても、やけどしないのはなぜか？

奪われる気化熱

大まかに2種類あるサウナ

サウナで汗をかくと、すっきりしますね。サウナにはいろいろな種類がありますが、大ざっぱにはドライとウェットがあります。

ウェットは40℃～50℃ぐらいですが、ドライのサウナは90℃～110℃にもなります。

考えてみると、100℃のお湯が体にかかったら、すぐにやけどをしてしまうのに、ドライサウナではやけどをするどころかスッキリするのはなぜでしょうか。

水蒸気に対抗するには水が有効

主な理由は2つあります。

1つは、体全体に汗をかいて、水分が皮膚をおおっているので、直接水蒸気が皮膚に触れないためです。

やかんの口からシュウシュウと蒸気が出ているとき、乾いた手を近づければやけどを負いますが、濡れた手なら、あまり熱さを感じません。

もう1つの理由は体の表面から出る汗が蒸発するときに、気化熱が奪われるからです。ドライサウナの中は、実はとても乾燥していて、湿度が5パーセントほどしかありません。ですから、汗がどんどん蒸発して体が冷やされるのです。

そのためにも、ドライサウナに入るときには、あらかじめたくさん水分をとって、体が汗をかける状態にしておかなくてはいけませんし、著しく湿度を上げてはいけません。有名なフィンランドサウナは、空気が乾きすぎないよう少しずつ湿度を上げながら入るサウナです。

一方、ウェットサウナは温度が低いかわりに、湿度はほぼ100％です。ちょうど湯船につかっているような状態になり、これはこれで快適なのです。

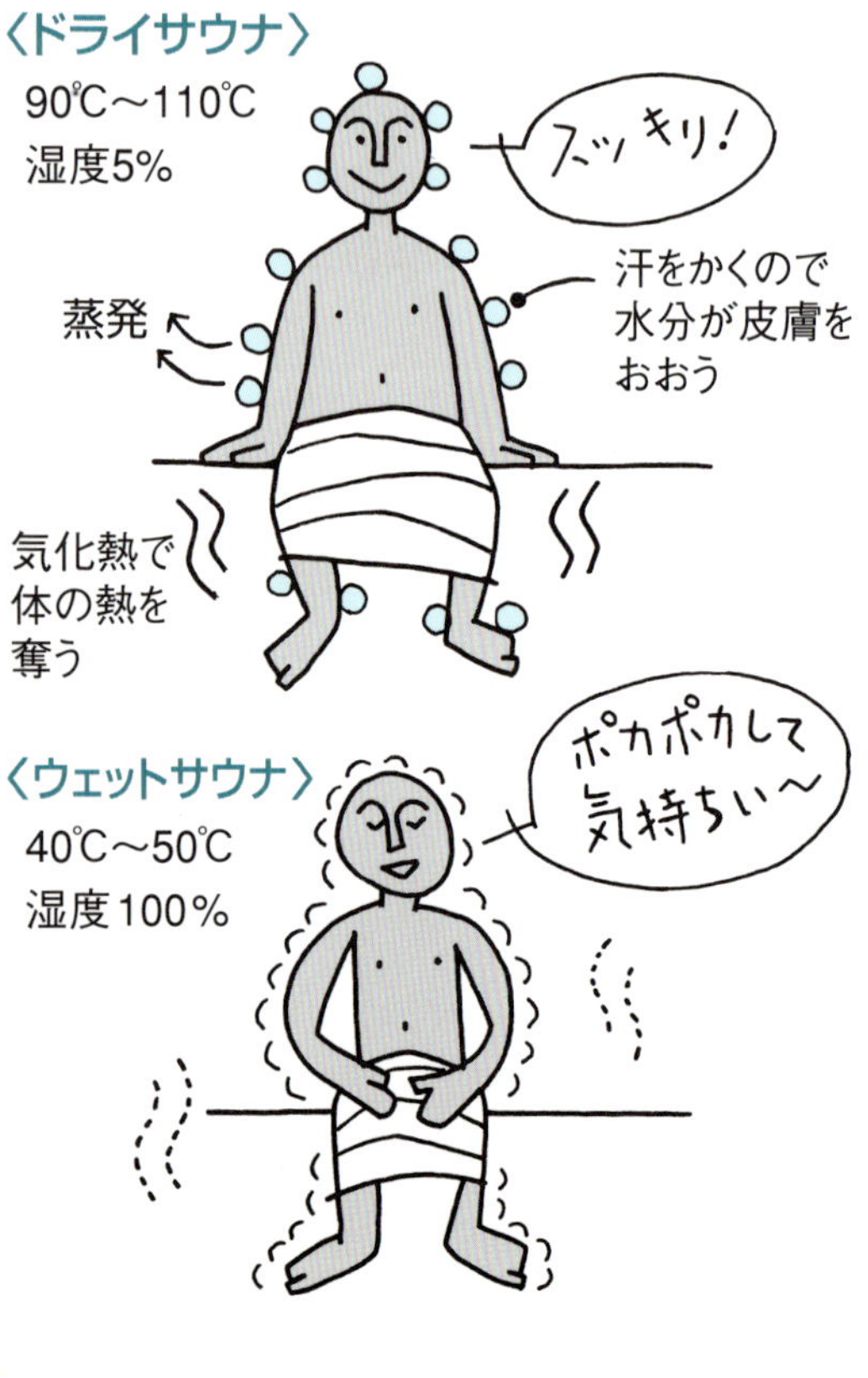

くもる鏡とくもらない鏡の違いは何か？

光の乱反射
界面活性剤の性質

くもる鏡のしくみ

拭いても拭いてもすぐにくもってしまう風呂の鏡。でもそういえば、温泉の鏡はあまりくもっていなかった気がします。くもる鏡とくもらない鏡はどう違うのでしょうか？

答えを先にいってしまうと、鏡の表面についている水滴の形が違います。球状の水滴がつくとくもり、水平に広がってつくとくもらないのです。

風呂では、お湯から出てきた水蒸気が冷えて再び水になります。それが鏡につくわけですが、ふつうのガラスはなるべく水に「濡れたくない性質」ですので、小さな水滴が鏡の表面につきます。

すると、水滴1つ1つが、プリズムのような働きをして光を乱反射させてしまい、光をあらぬ方向に向けてしまいます。これが真っ白に見えるしくみです。

くもらない鏡のしくみ

ですから、くもらない鏡は小さな水滴が表面につかない鏡です。といっても風呂場なので、水がつかないようにするのは簡単ではありません。

そこで、水滴を防ぐために水で完全に濡らしてしまおうという逆転の発想をします。

具体的には界面活性剤を塗ったフィルムを貼って、水の膜を作るのです。界面活性剤は親水性と疎水《そすい》性（31ページ参照）をあわせもった物質で、疎水性側がガラス側に、親水性側は外側につきます。

ところで、界面活性剤といえば、石けん、中性洗剤、リンスなど風呂に置いてあるものに入っています。一時的ですが、これらを塗ってもある程度はくもり止めになります。

横から見ると……

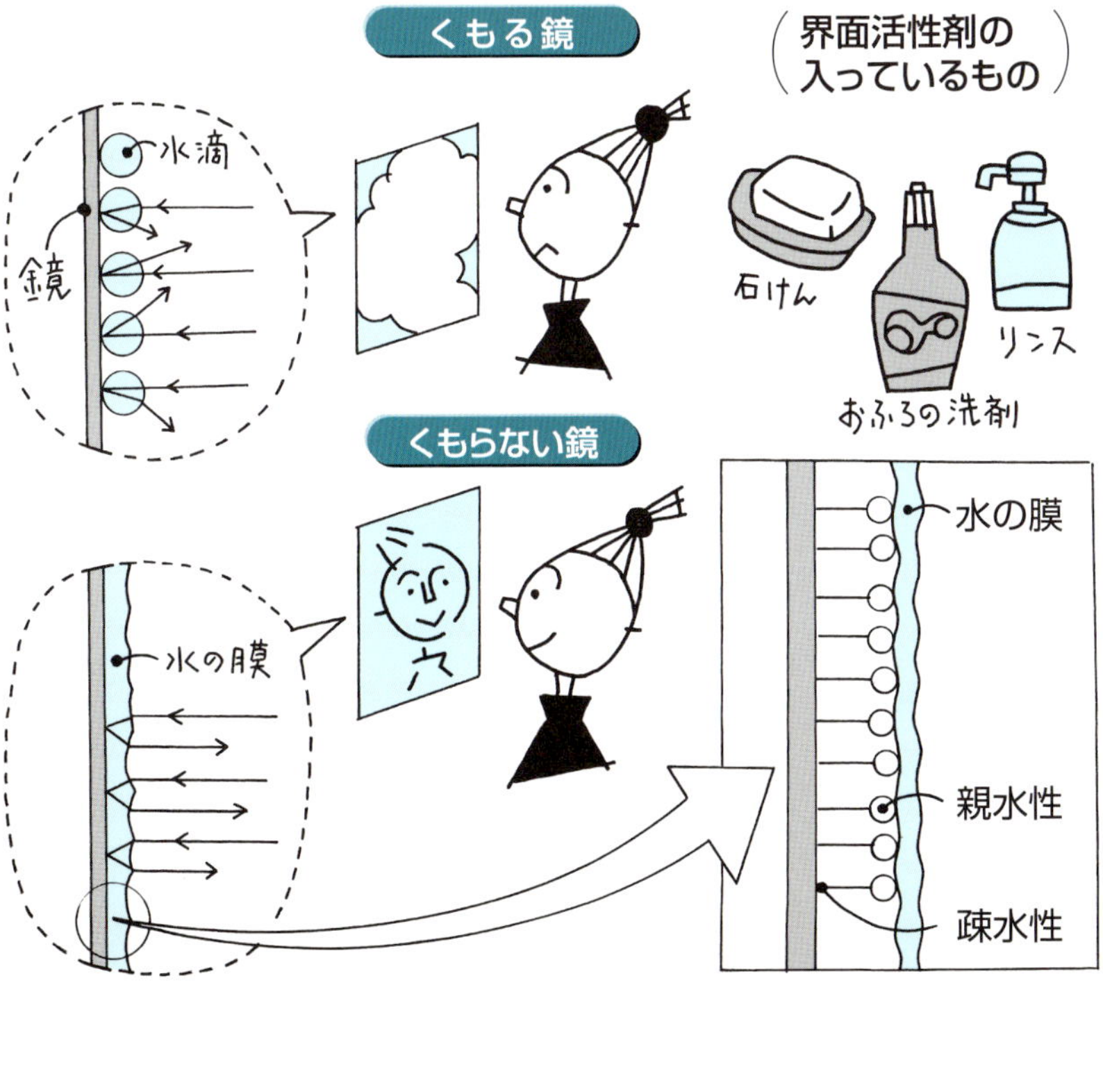

風呂場で歌をうたうと、上手に聞こえるのはなぜか？

音の多重反射

反射音がないと、少し不安になる

風呂場で歌をうたうと、エコーがいい具合にかかるばかりか、自分の声が妙に艶《つや》っぽく聞こえて、うまくなったような感じがします。

なぜでしょうか？

主な理由は3つあります。

1つは、風呂場が適度にせまい箱型になっていることです。もし広く開けたところで歌をうたうと、私たちの耳に聞こえるのは、声を発したときに出ていく瞬間の音だけです。

でも、風呂場では四方が壁なので音が反射して、また自分の耳に入るのです。

私たちはコミュニケーションを大事にする動物です。無意識のうちに自分が発した声の反射音を聞いて、自分を確認していますので、反射音がない場所は、少し不安な気分になるものです。

音の万華鏡のような空間

2つめの理由は、風呂の壁がつるっとしているということです。

ユニットバスであれ何であれ、風呂場の壁は掃除しやすいように表面が平らなものが多いですね。そのような壁は、光にとっての鏡のようなもので、もとの音の強さをあまり減らさずに何度も反射します。これを「多重反射」といいます。

多重反射によって、音の華やかさのもとになる高音や、豊かさのもとになる低音が持続します。

つまり、風呂場は音の万華鏡のような空間なのです。

3つめは、風呂場には音を吸収するもとになる障害物がないことです。家具や布製品などがないので、音が続きやすいのです。

さぁ、お風呂で思いっきりうたってください。

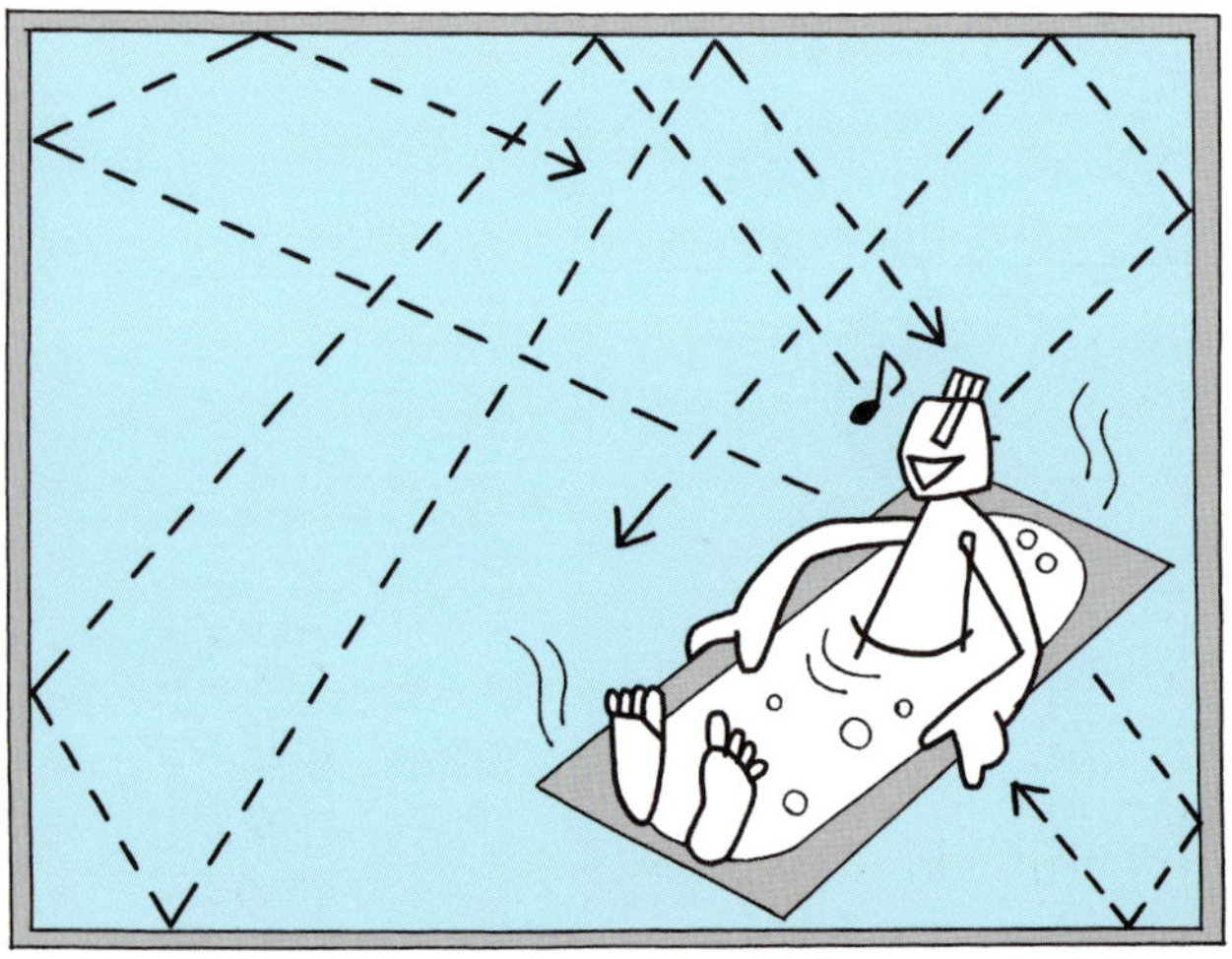

風呂場は音の万華鏡

ブーメランはなぜ戻ってくるのか？

フリスビー投げではダメ

オーストラリアの先住民、アボリジニーが狩りの道具に使っていたというブーメラン。とても簡単な構造なのに、戻ってくるのは不思議ですね。

ブーメランの形は「く」の字で、羽は飛行機の翼のように表側が丸く、裏側は平らになっています。

このような形になっているので、飛行機と同じように、前から風を受けると、上方向に「揚力《ようりょく》」という力を生じます（P15参照）。

さて、ブーメランを実際に投げたことがある人で、うまく戻ってこなかったという経験がある方は多いのではないでしょうか。

あの形を見ると、平らな面を水平にして、フリスビーのように平らに投げたくなるもの。しかし、そのような投げ方では戻ってきません。

ブーメランが戻ってくるわけ

ブーメランは、立てて投げます。丸い面を左側に、平面を右側に立てて回転させて投げると、羽の先端がわずかに上側に反っているため、徐々に平らな姿勢になります。そして、反時計回りに自転しながら飛ぶのです。

そのとき、右のほうに位置した羽は前に進むのに受ける風と、回転するのに受ける風が同方向なので、大きな風を受け、上向きに大きな揚力が生まれます。

逆に、左のほうに位置する羽は、前に進むのに受ける風と回転するのに受ける風が反対方向なので、打ち消しあい、揚力があまり生じません。

結局、ブーメランは、右側がもち上げられ、飛行機が機体を傾けながら左旋回するように飛び、1周して戻ってくるのです。

揚力の差

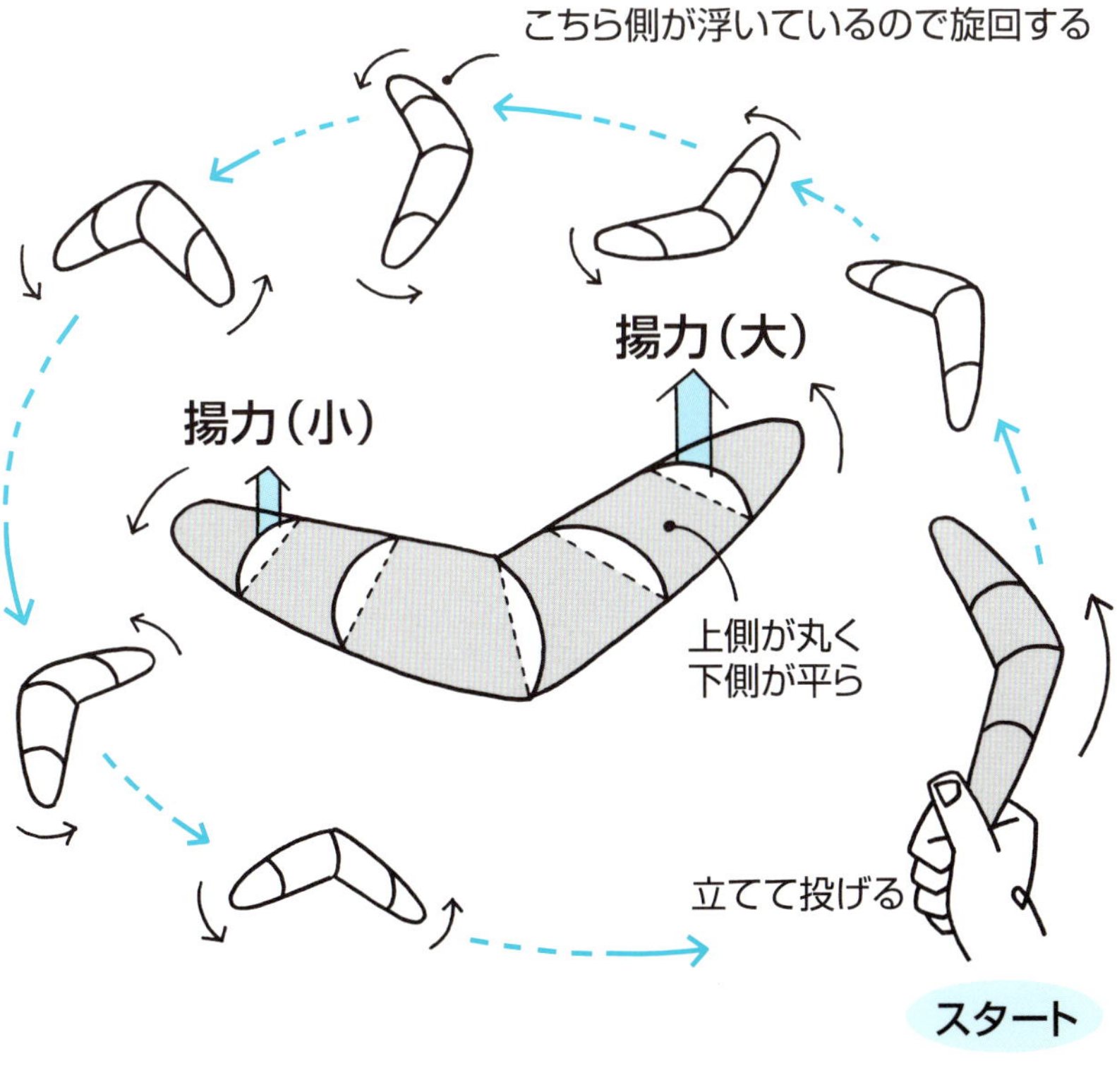

ミルククラウンはなぜできるのか？

輪の外側からの水圧

自然が作り出す美

自然が作り出す美しさに「おおー」と思うことがありますが、これもその1つではないでしょうか。

水滴がポトリと落ちるとき、跳ね返った水が「王冠」の形をしているのです。

この形は、おそらく牛乳で最初に見つかったのでしょう、「ミルククラウン」と呼ばれています。自然が作る一瞬の芸術です。

紙に落ちた水滴の跡を見ると、円に小さなツノが出ていますね。これが王冠の痕跡です。より大きな王冠ができるのは水面に落ちるときです。

水滴が水面に衝突すると、そこにあった水が押しつぶされてリング状に跳ね返り、小さな王冠のツノができ始めます。

ミルククラウンを王冠たらしめている大事なツノは、このように水滴が水面に衝突した際の衝撃でできたと思われます。

王冠ができるしくみ

水滴が落ちたところを中心に水は外側に動きますが、一方、輪の外側からは内側に向かって水圧がかかります。その結果、外側に向かっていた水は上方に方向転換するのです。

王冠の壁が完全に立ち上がったあとも、外側への慣性力が働くので王冠が次第にそり返ります。王冠のツノはそのまま放物状に落ちていきますが、王冠の壁は水の表面張力で水面に引き戻されます。

そのために、ツノがちぎれて球状の水滴となり、空中に放り出されて、少し外側に着地します。

水滴が落ちてから王冠ができるまでは、こんな感じになっているのでしょう。最初の水滴の直径と比べて約10倍の直径をもつ王冠ができます。

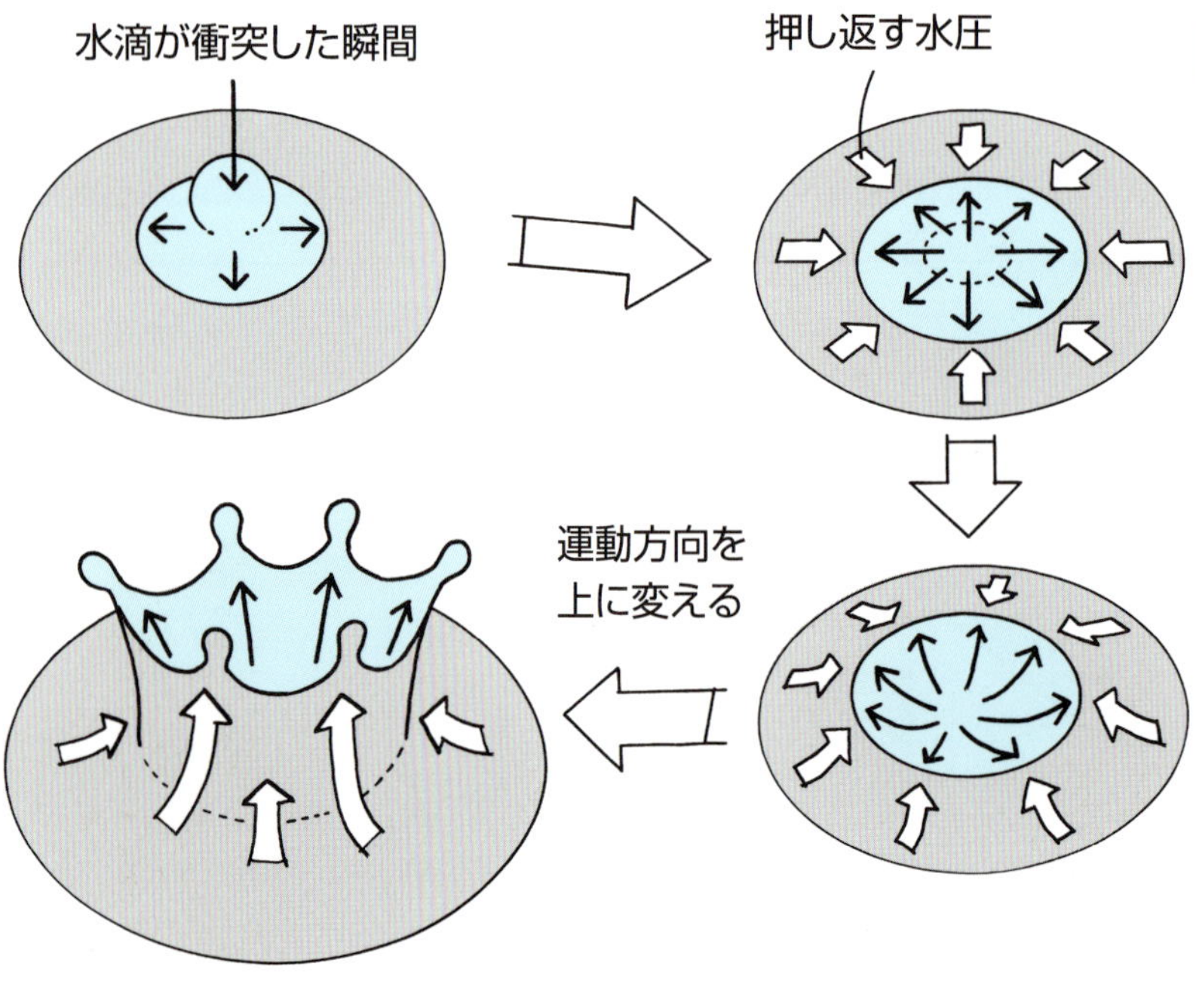

ミルククラウンの誕生

ゴルフボールにどうしてへこみが必要なのか？

空気抵抗を減らす整流効果

ボールの飛距離を伸ばす役目

ゴルフボールの表面には、必ず、小さなへこみが300～400個もついていて、「ディンプル」と呼ばれます。

このへこみ、何のためについているんでしょう？　単なるデザインではありません。ボールの飛距離を伸ばす大事な役目があるのです。

ゴルファーの夢の1つが、遠くへ飛ばすことでしょう。

ボールを遠くに飛ばすためには、いかに勢いよく打ち出すか（これはプレーヤーの腕にかかっていると思われます）と、飛び出したあと、ボールが速ければ速いほど、空気の抵抗が大きくなりますので、それをいかに小さく抑えるかが重要になってきます。

ゴルフでは、ボールの飛び始めの速度が時速200キロメートルを超えると、ボールのうしろの空気をかき乱す「乱流」が生じます。

例えばプールの中で、できるだけ速く歩こうとすればするほど、水の抵抗を受けて動きにくくなるのは、背中側にまわり込んで複雑にうねる乱流が生まれるからです。

ゴルフボールでも事情は同じです。乱流があまり生じないボールが望ましいというわけです。

常識的には、表面に何もない、ツルツルのボールがいいと思うかもしれません。ところが、そのようなボールの場合、図のような乱流が発生します。

一方、ディンプルがあると、ボールの表面近くに小さな渦ができて、それがボールのまわりを通っていく大きな流れを整え（流体力学で、整流効果といいます）、空気の流れがなめらかになり、空気抵抗を減らすことができるのです。

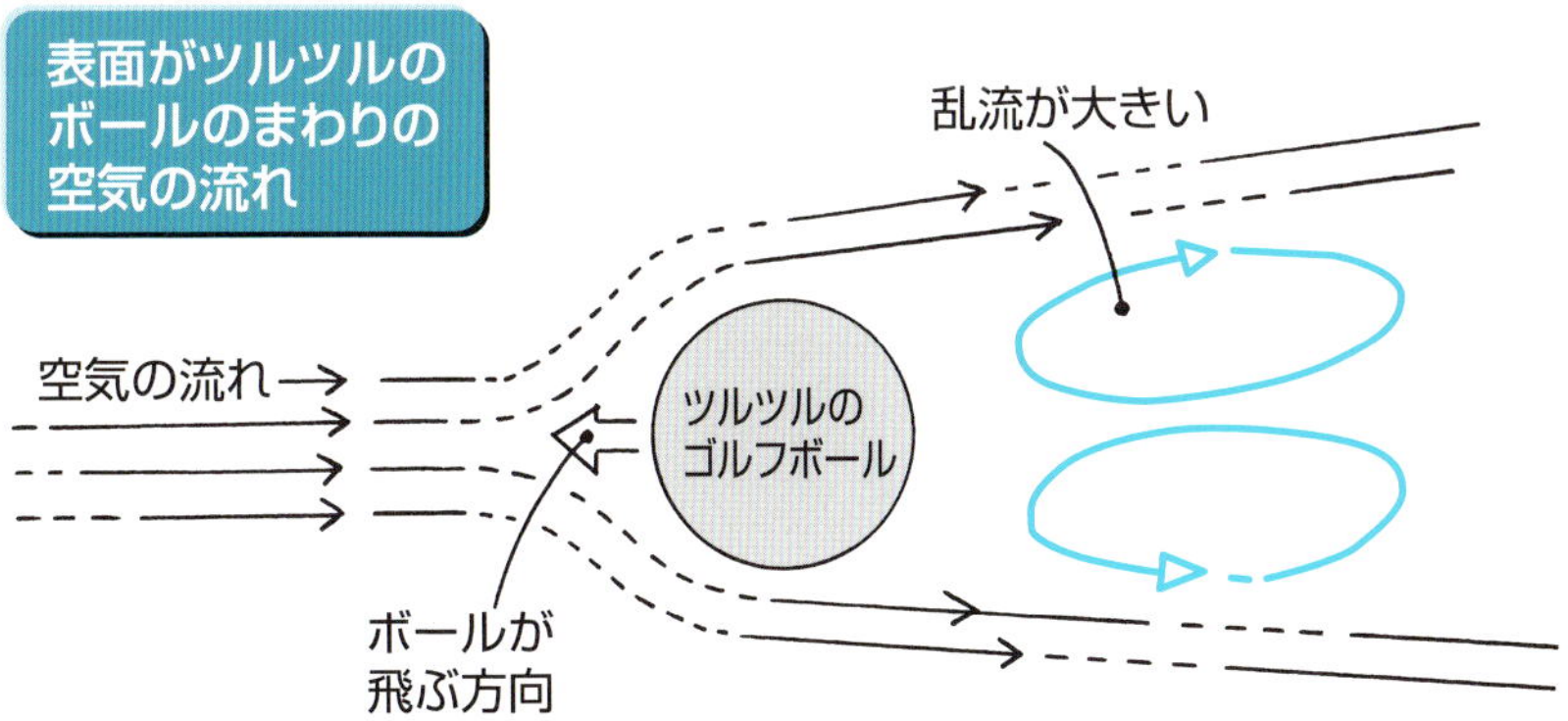

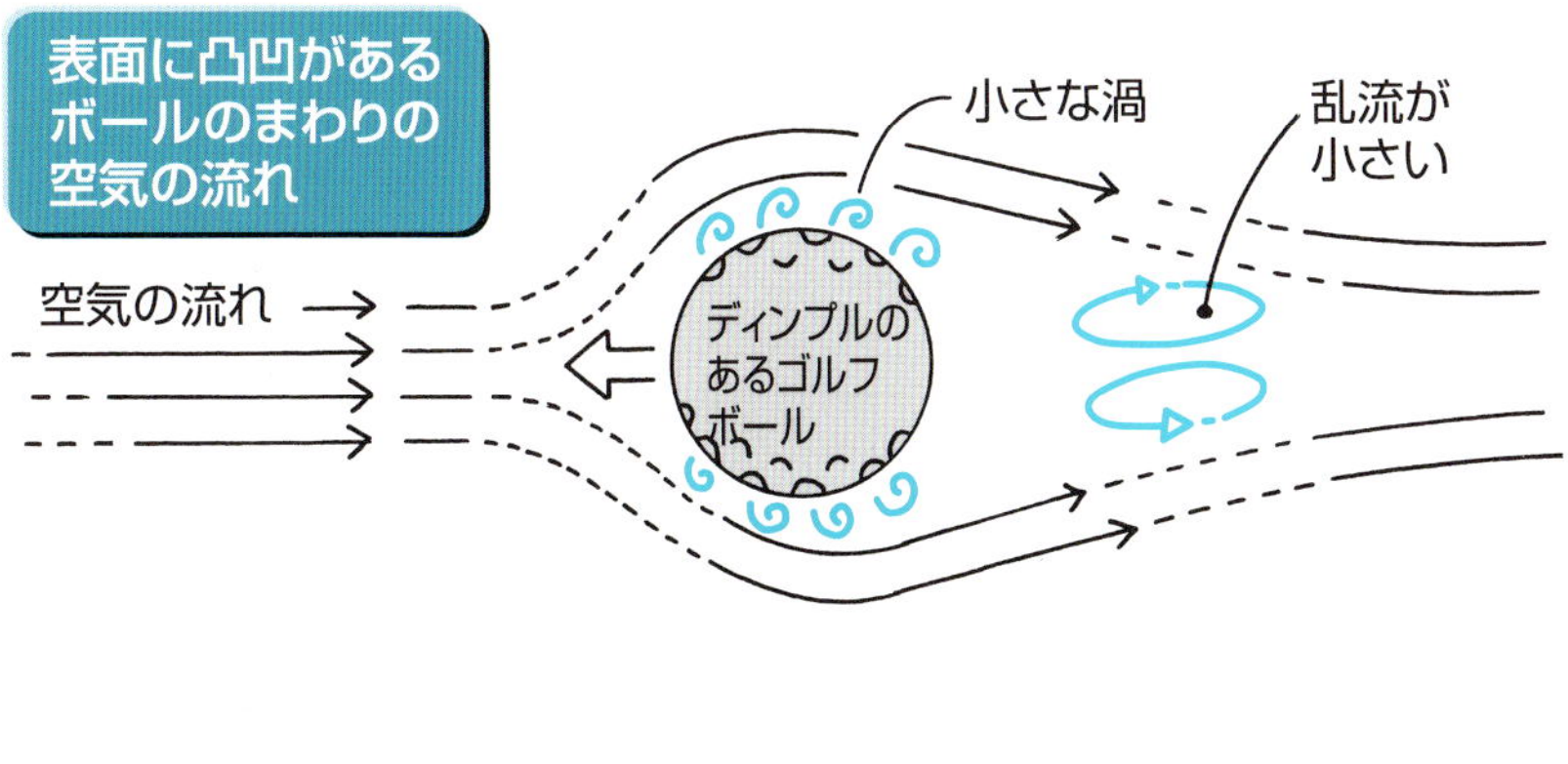

第1部

フォークボールはなぜ落ちるのか？

複雑な渦がもたらす空気抵抗

一般的な握り方は、ボールの縫い目にあわせて、人差し指と中指の間にはさみ、親指はボールの下から握り、投げるときには、うまく抜くようにして投げます。

フォークボールの空気力学的なメカニズムは明らかになっていませんが、コンピュータ・シミュレーションで再現する研究がされています。

フォークボールは、1秒間に1回から数十回という速さのサイドスピンをかけます。

ボールが回転すると、ボールのうしろに空気の渦のようなものができ、ボールの回転が遅いほどそれが広がり、上下に動きます。それがボールの空気抵抗となり速度が低下して、落ちるのです。

また、左右にふらふらと揺れるような動きは、ボールの縫い目がどの位置にある状態でサイドスピンをかけたかによって決まるようです。

ストレートは回転がかかっている

ストレートと見せかけて、左右に揺れながら落ちるフォークボールは、ちょっと不思議な変化球です。

実は通常ストレートと呼ぶ球は、落ちないようにバックスピンの回転を加えた変化球なのです。バックスピンによって、球の上側が下側に比べて流速が大きいので、上向きの揚力が生じるのです。

一方、何もスピンをかけないで投げたボールは放物線運動をしますので自然に落ちます。落ちないストレートに慣れた打者にとっては、これがフォークボールと感じることも多々あるようです。

ボールのうしろにできる渦がカギ

では、本当に落ちるフォークボールの原理はどうなっているのでしょうか。

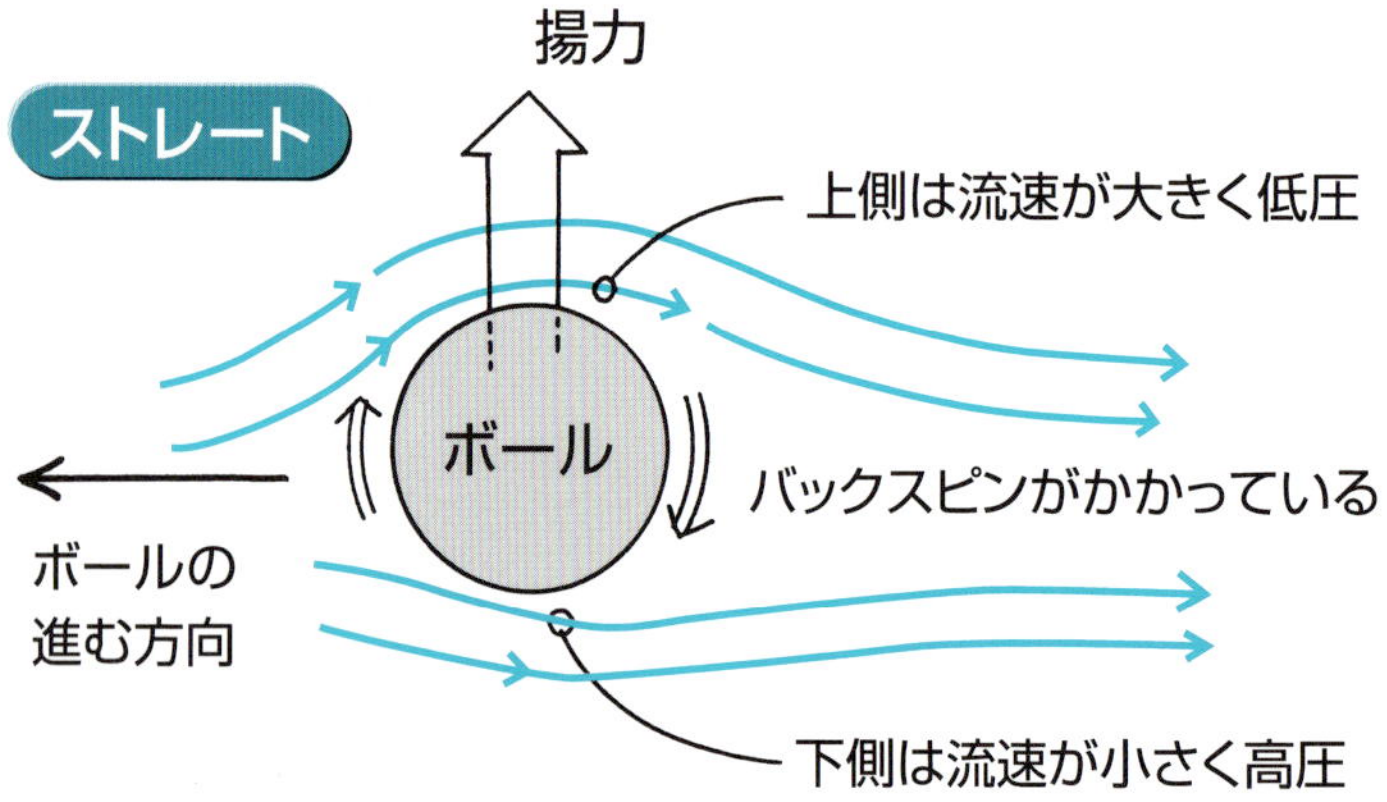

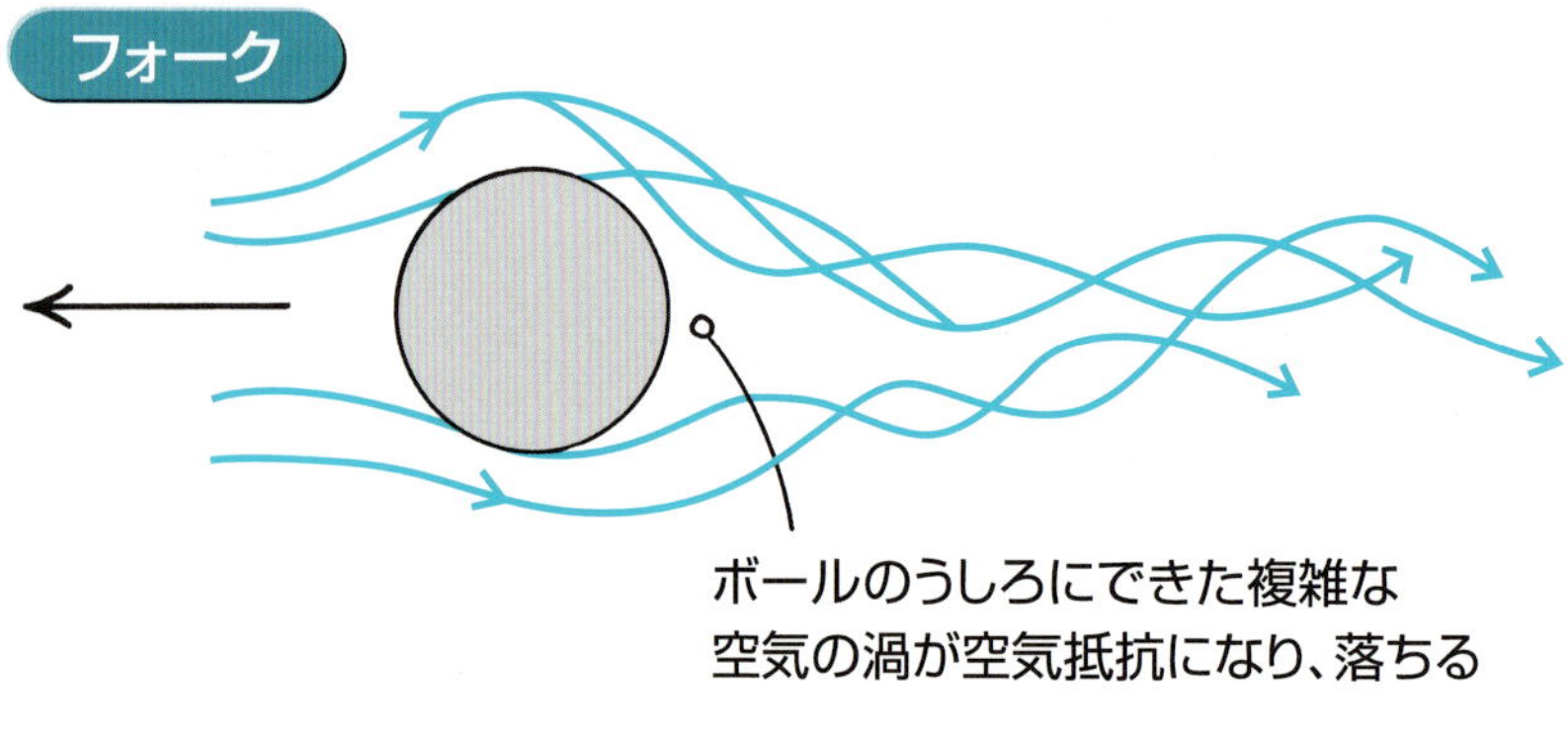

ヨットはなぜ風に向かって進むのか？

力の合成

飛行機が飛べる原理と同じ

風に吹かれて進むヨットは、とても優雅ですね。

エンジンがないのに、風上の目標地点に向かって進むこともできるんですよ。ちょっと不思議じゃありませんか。

ヨットが風上に向かって進めるのは、帆の形が関係しています。何と、飛行機が飛ぶ原理と同じなんです。では、まず飛行機が飛ぶ原理から説明しましょう。

飛行機を横から見ると図のようになります。ポイントは、翼の形。前方から勢いよく風を受けると、翼にぶつかった空気は、翼の表と裏に分かれます。

両方の空気が翼のうしろまで流れると、翼の丸い側（表側）に向かって、翼をもち上げるように力が生じ、飛行機が飛べるのです。この力を揚力といい、この法則を「ベルヌーイの法則」といいます。

帆の形とセンターボードがポイント

さて、ヨットの帆も同じ形をしていますので、帆が受けた風は表と裏に流れ、図のAの方向に揚力が生じます。そこで、ヨットはAの方向に移動するように思えますが、そうはなりません。

実は、ヨットの水面下にはセンターボードという長い板がついていて、ヨットが横方向に動かないように抵抗し、Cの方向に力を出します。

ですので、AとCの力が引っ張りあった結果、力の合成でDの力が生じます。それで風の吹いてくる方向に対して、40～45度の方向に進むことができるのです。

これを繰り返してジグザグに進んでいけば、風上の目標地点に到着することができるというわけです。

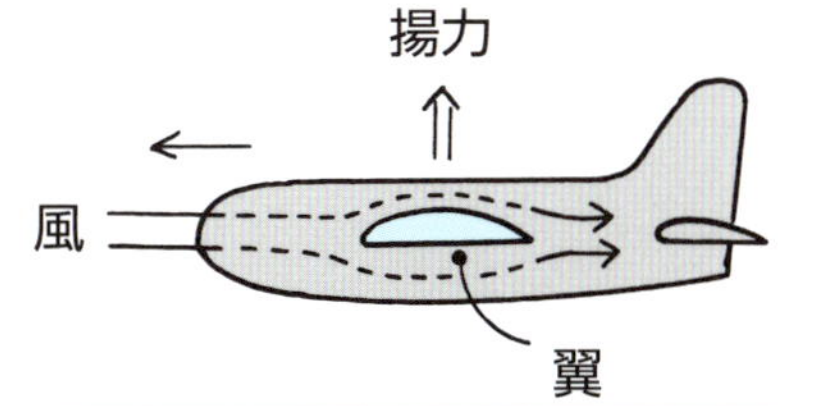

● 飛行機を真横から見たところ

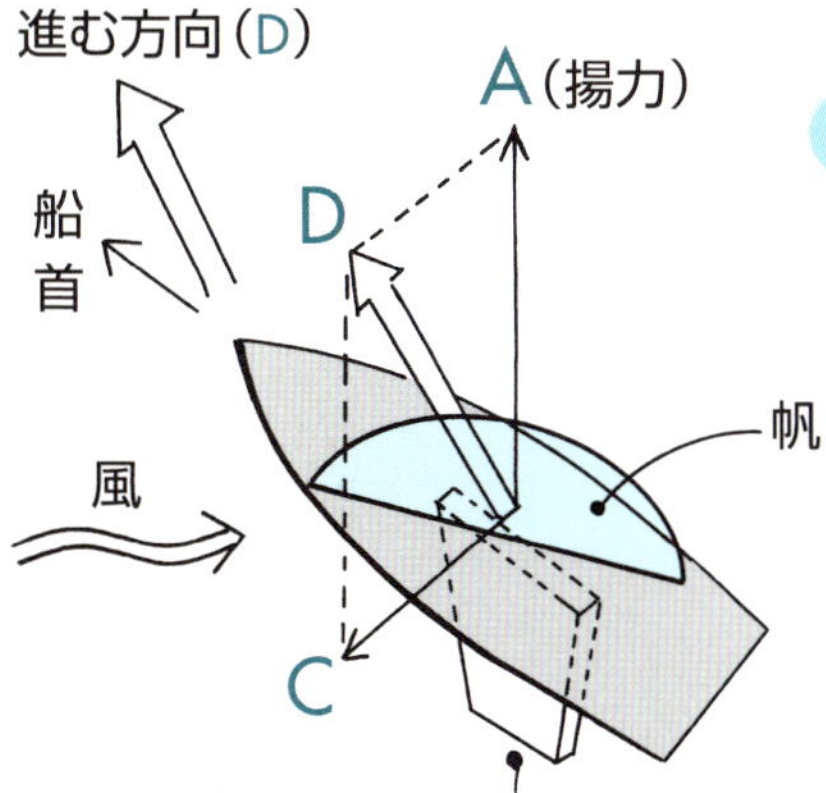

● ヨットを上から見たところ

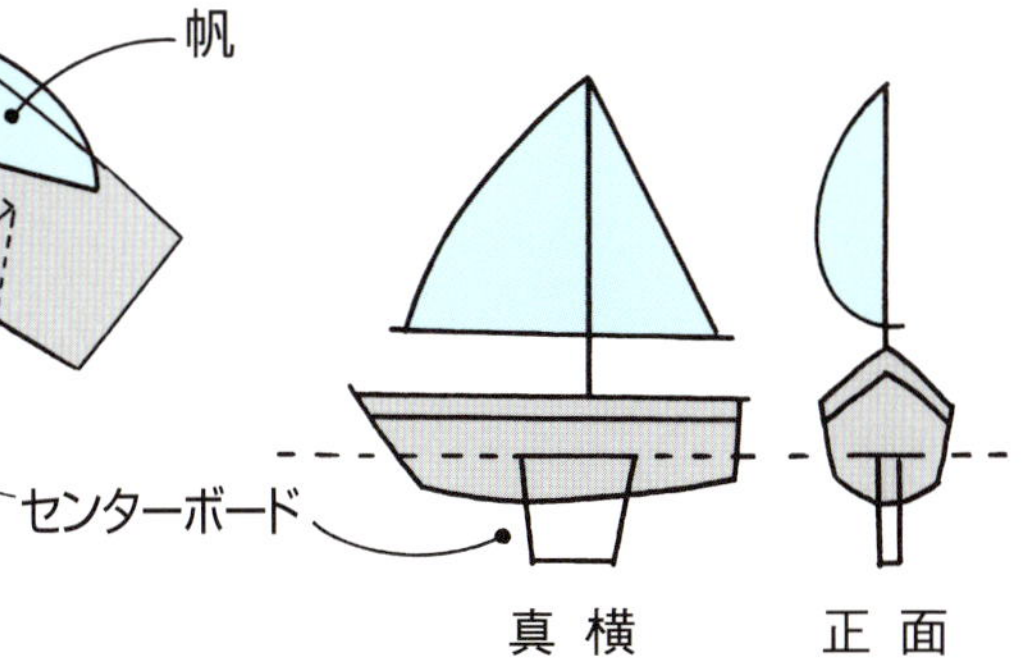

ダイヤモンドとガラスはどこがどう違うのか？

光の全反射

反射を繰り返して光が満ちる

女性をとりこにするダイヤモンド。科学的に表現するとこんな感じです。「成分は鉛筆の芯と同じ炭素なのに、地下のマントルで作られ、火山噴火で地上に吹き出て急に冷えてできる、無色透明な非常に硬い結晶」

そう聞いても、ダイヤモンドに魅力を感じるのは、その燦《さん》然たる輝きの美しさでしょう。ではなぜ、ダイヤモンドは光り輝くのでしょうか。

よく、「あなたはダイヤの原石よ」なんていいますが、これはいいえて妙な表現で、実際、原石はあまり輝きません。しかし結晶を磨いて、規則正しいたくさんの平面を微妙な角度で組み合わせると、あらゆる結晶の中で一番光り輝くのです。

全反射が決め手

この理由がよくわかるように、同じ形にカットしたダイヤモンドとガラスを比べてみましょう。

同じ場所から光を入射させると、ダイヤモンドでは2回も全反射（外に全く光がもれない反射）をして上面に戻っていきます。

一方、ガラスでは最初の1回は全反射するものの、2回目はできずに光が外に出てしまいます。2回目は入射角が小さいためです。

このように、ダイヤモンドに入射した光は、結晶の内部で何回か全反射を繰り返し、結晶内部に光が満ちてから上面で放射されるので強い光になって輝くのです。

また、赤や緑や青といった色が、はっきり出てくるのもダイヤモンドの特徴です。光をガラスのプリズムに通すと虹色に見えますが、ダイヤモンドでは、その虹色の幅がもっと広がるので色がはっきり見え、ゴージャスな輝きになるのです。

ある入射角以上で全反射する

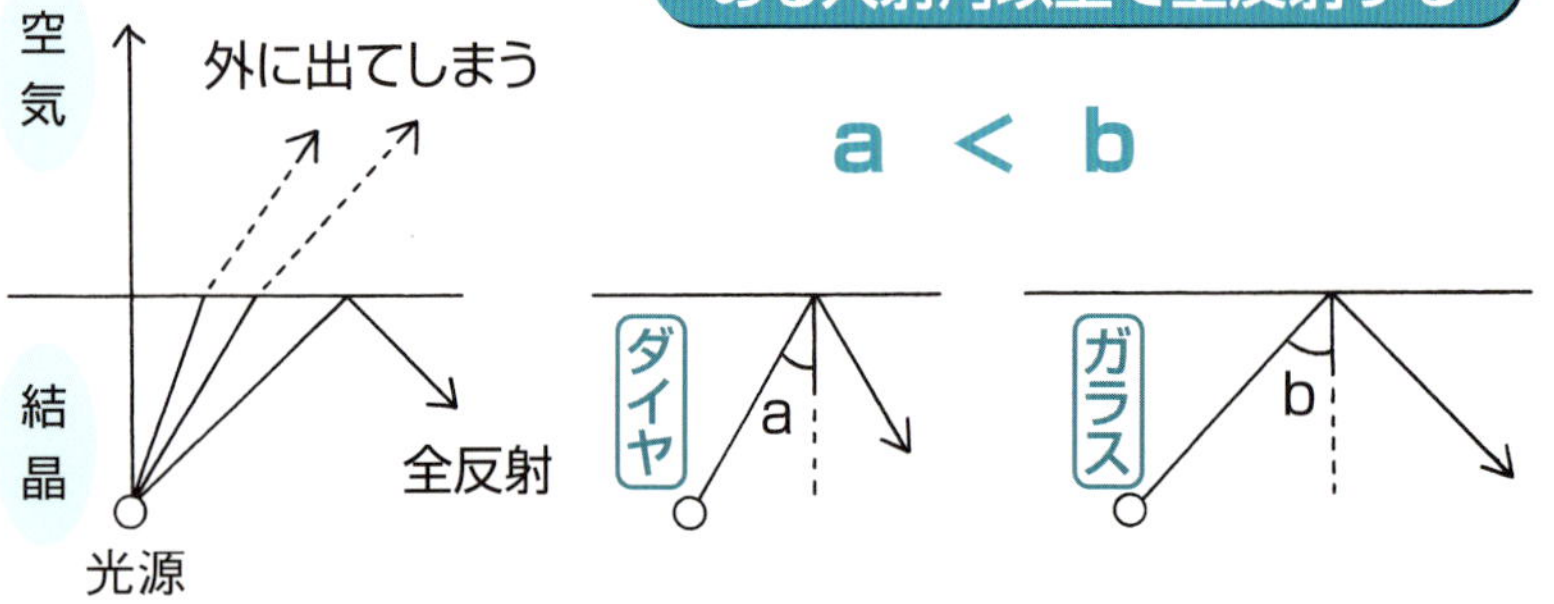

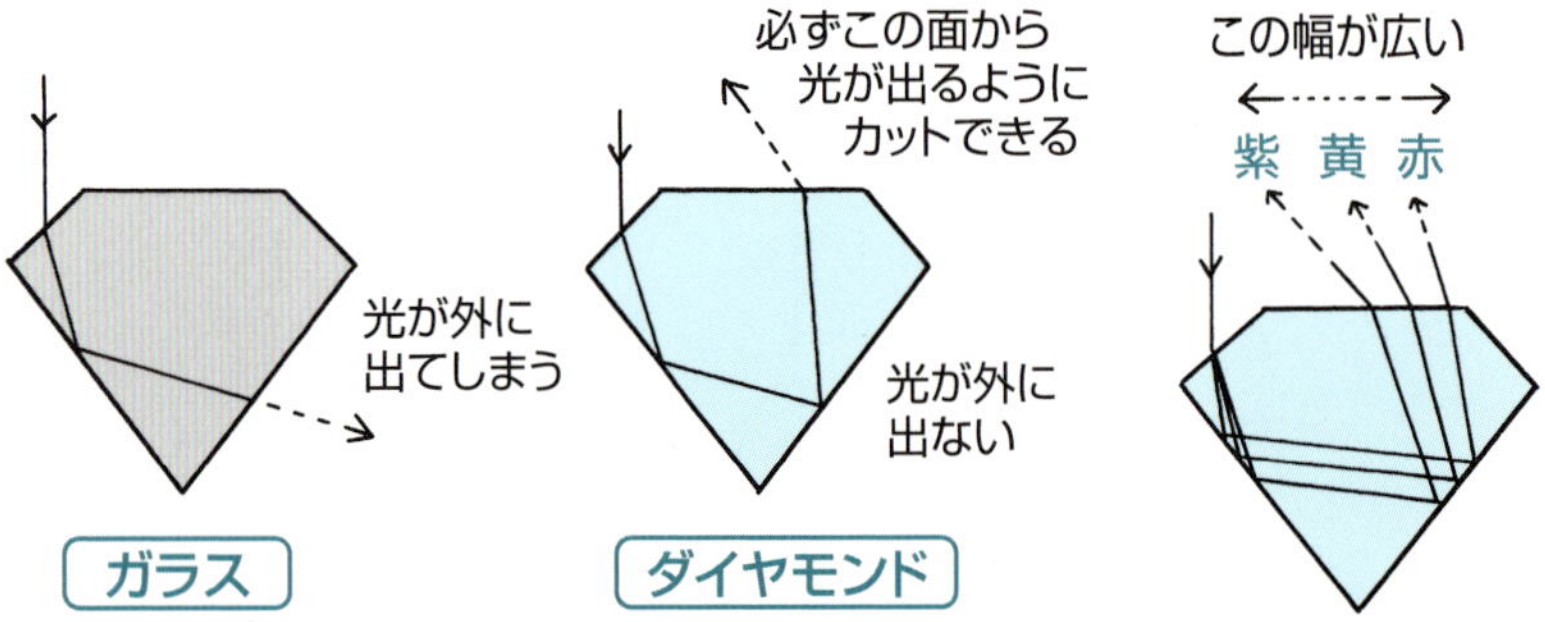

ダイヤモンドが光り輝くわけ

強い風が吹くと、電線はなぜピューピュー鳴るのか？

音を作るカルマン渦

電線そのものの振動音ではない

台風や木枯しなど強い風が吹いたとき、電線からのピューピューと不気味な音を聞いたことがあると思います。なぜ、こんな音がするのでしょうか。

電線もそうですが、縄跳び、細長い棒を振り回したときにも同じようなピューという音が出ます。

これは、電線や棒、縄跳びそのものの振動が音になっているわけではありません。

そのものの振動が音になっている例として、弦楽器の弦のようなものがありますね。でも、大きい音を出すには共鳴箱が必要です。

また、電線の音は風が強く吹くと、それに応じて音の高さが変わりますが、弦楽器の弦の場合には、強くはじいたからといって、音の高さが変わることはありません。ですから、ピューピューという音は、弦のようなものの振動が音を出しているわけではないのです。

空気の渦が音を作っている

では種明かしをしましょう。

強い風が障害物に当たると、空気が二股にちぎられ、障害物のうしろで気流に乱れが生じ、小さな渦ができます。

小さな渦がいくつもできたり消えたりするので、空気の密なところと疎なところができ、音となって聞こえるのです。このような空気の渦を「カルマン渦」といいます。

カルマン渦の特徴は、風の速度が速くなるほど、渦の生成と消滅が頻繁に起こることです。

だから、強い風が吹くと、空気に頻繁に密と疎ができることになりますから、音の周波数が高くなり、高い音が出てくるのです。

（カルマン渦の生成）

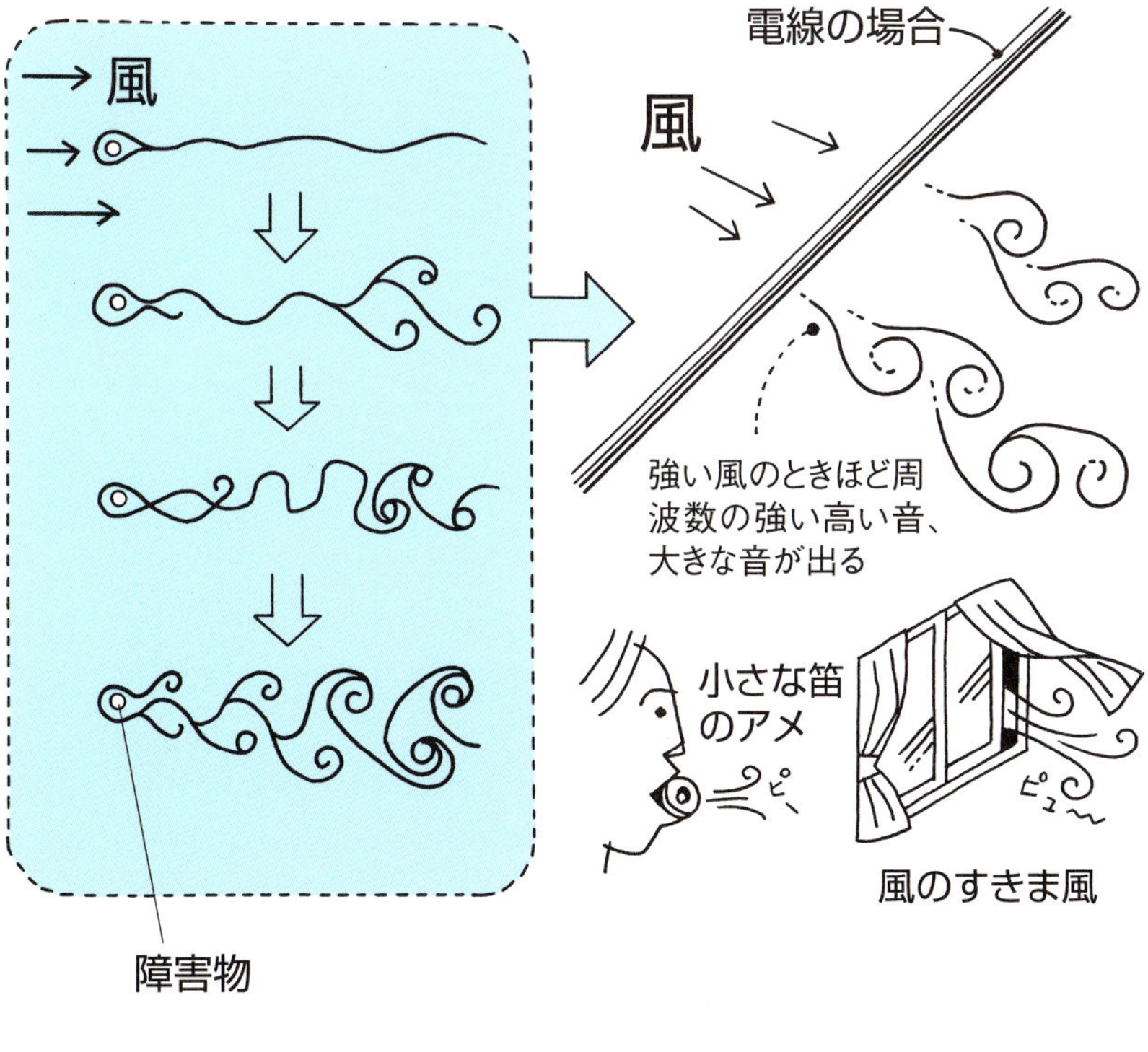

雨粒に当たっても、なぜ死なないのか？

雨に当たっても、死なないわけ

空から落ちてくる雨、その雨粒がどんな形をしているのかと聞かれたら、どう答えますか？

水玉模様といえば、まんまるですし、マンガで雨といえば、らっきょう型の雨のしずくを思い出しますが、実際はどうなんでしょうか。

雨粒の形は、落下速度によって違うのです。

雨粒が落ちてくるときには、下向きに地球が引っ張る重力が働き、上向きには空気の抵抗力が働いて、どの雨粒でもこの2つの力がつりあった状態なので、一定の速さで落ちてきます。

重力実験のボールのようにどんどん加速するようなことはありません。

だいいち、加速したら雨に当たった人間は死んでしまいます。

雨粒の形は落下速度によって違う

雨粒の速度を測る実験によると、ふつうの強さの雨の場合、雨粒の大きさは半径0・5ミリ程度で、落下速度は秒速3・9メートルぐらい。このときの雨粒の形は「球形」です。

土砂降りの雨でも半径1・5〜2・0ミリ程度で、落下速度は秒速9・3メートルぐらいになり、形はやはり「球形」です。

ところが、雨粒が半径2・5ミリを超えるようになると、空気抵抗をたくさん受けるので、表面張力だけでは形が保てなくなり、水滴は、「まんじゅう型」になります。

さらに、半径3ミリ近くになると、新たな現象が起こります。それは、「雨粒の分裂」です。まんじゅう型のまんじゅうが平べったくなり、へりがふくらみ、ついには、たくさんの小さな水滴に分かれるのです。

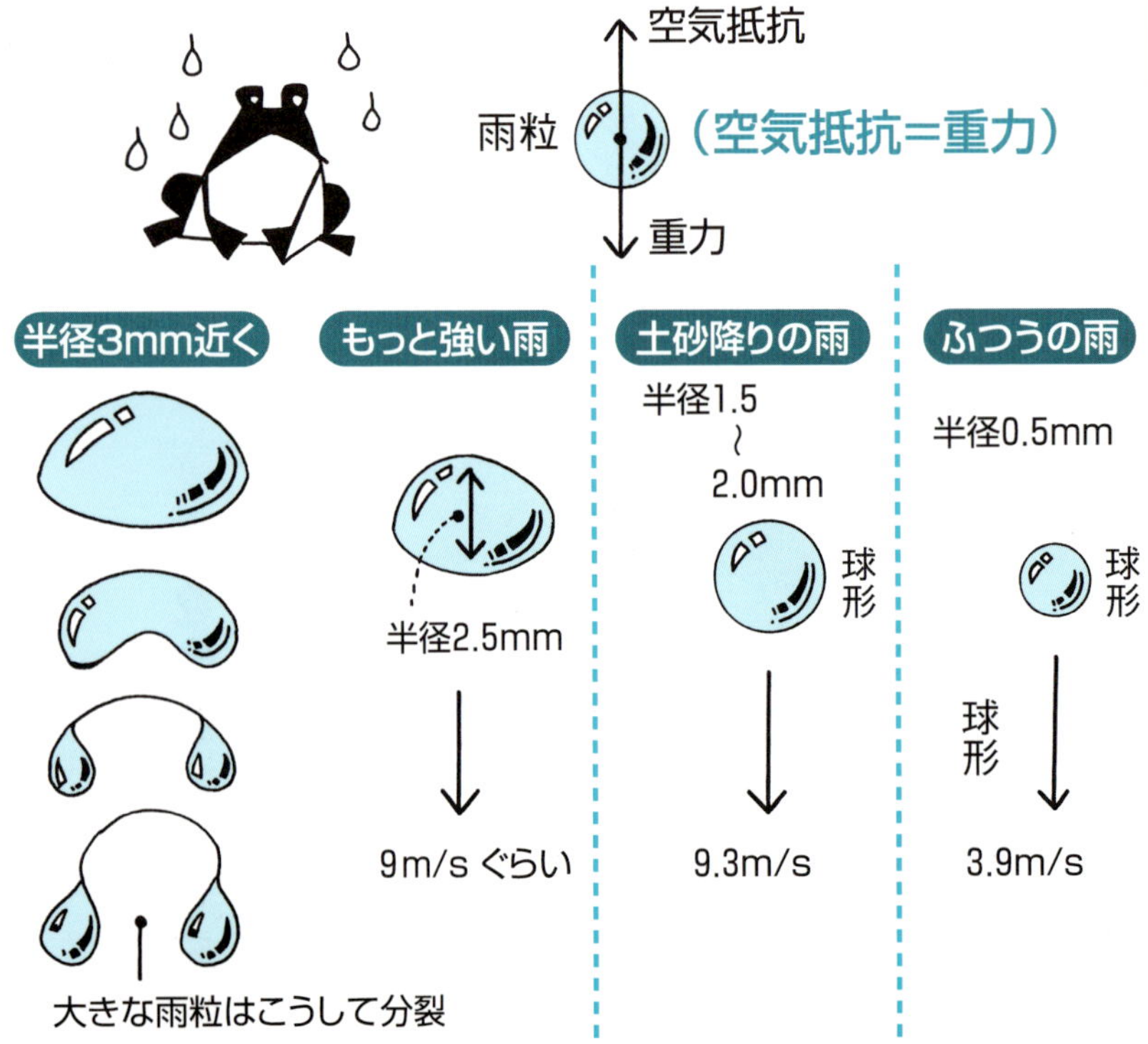

空気抵抗
表面張力

コーヒーにミルクを入れるタイミングとは？

ニュートンの冷却則

猫舌の人に朗報？

寝坊した朝。あと5分で家を出なければいけないけれど、せっかく淹れたてのコーヒーがあるんだから、コーヒーだけは飲んで出かけたい、でも、熱くてなかなか飲めない、という場面があるとします。

こんなとき、次のどちらにしたほうが速くコーヒーが冷めるんでしょう？

①そのまま3分冷ましてから、冷たいミルクを入れる

②コーヒーに冷たいミルクを注いでから、3分待つ

もちろん、入れるミルクの量と温度は同じとします。

答えは①です。

温度差が大きいほど早く冷める

温度差のあるものが接していて（この場合には、コーヒーと室温）、熱いモノから冷たいモノに熱が移動する場合に、その冷却速度は、熱いモノと冷たいモノの「温度差」に比例するという法則があります。

これは「ニュートンの冷却則」と呼ばれる経験的な法則です。

Taを気温、T0を時刻t=0のときのコーヒーの温度、αをコーヒーカップなどの環境によって決まる定数とします。すると、時刻tでのコーヒーの温度は、

$$T=Ta+(T0-Ta)\times e^{-\alpha t}$$

で計算することができます。

実際に、この式に適当な数値を入れて①と②を比べてみると、①のほうがほんの少しですが、速く冷えることがわかります。

温度差が大きいほど冷め方が大きいのですから、初めにミルクを入れないほうがいいのです。

〈ニュートンの冷却則〉

$T=Ta+(To-Ta)\times e^{-\alpha t}$

To=90℃（最初のコーヒーの温度）

Ta=20℃（室温）　$\alpha=0.01$　e=自然対数の底（約2.718）

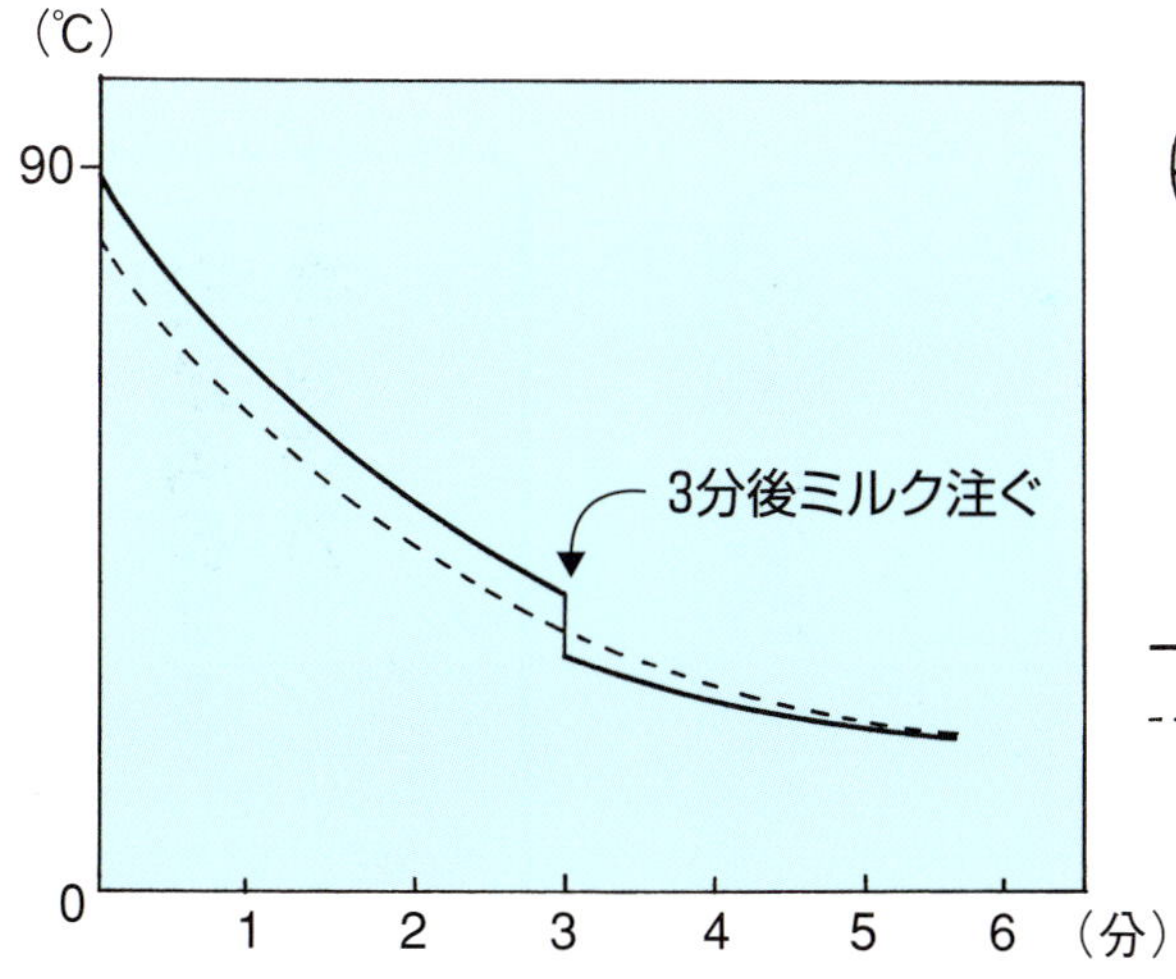

車のタイヤはなぜ逆回転しているように見えるのか？

静止画を見る目の錯覚

テレビや映画は連続した静止画

テレビで車のCMを見ていると、タイヤが逆回転しているように見えるときってありますよね。

テレビや映画などの映像は、連続しているように見えますが、実は1秒間に何十コマという静止画を表示しています。パラパラアニメと同じ原理です。映画の場合が1秒間に24コマ、テレビは1秒間に30コマと決まっています。

ということは、テレビの場合、30分の1秒に1回、コマが入れ替わるのですから、30分の1秒ごとにタイヤを映し出しているわけです。

30分の1秒ごとに見えるタイヤのパラパラアニメの1コマ1コマが、たまたま前進しているのと逆方向に回転するような位置だった場合に、目の錯覚で、逆回転しているように見えるというわけです。

タイミング次第で逆回転に見える

実際に図にしてみましょう。例えば時速60キロで走っている車が、30分の1秒間に進む距離は、55センチです。

では55センチだけタイヤが進むには、どれくらいの角度だけタイヤが回転するかを求めればいいわけです。

それにはタイヤの外径を知る必要があります。仮にタイヤの外形が68センチだとすると、30分の1秒間に回転する角度は約47度です。

したがって、47度ずつ回転した静止画を毎回見ることになります。

私たちは、近い場所にあるものをつないで見てしまう習性がありますす。そのため、図のように、タイミングによっては逆回転しているように見えるときがあるというわけです。

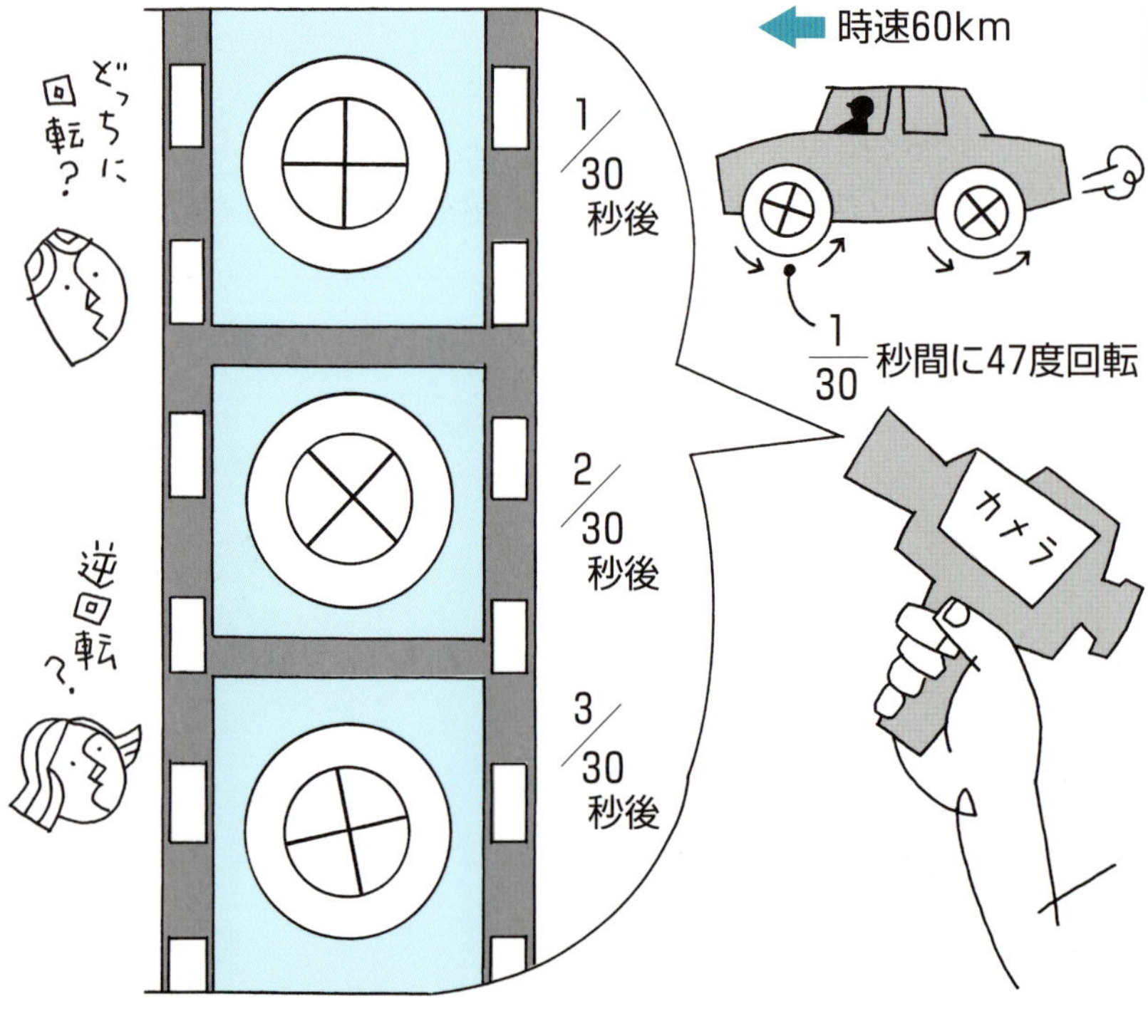

フロントガラスよりも、サイドウィンドウに霜がつきにくいのはなぜか？

降り積もる小さな結晶

放射冷却のせい

寒い冬の朝、車に霜がついていたりすると困りますよね。

しかも、霜がつくのはたいていフロントガラス。リアガラスも霜におおわれることがありますが、サイドにはあまり霜がついていません。もし霜がサイドウィンドウだけにつくのなら、窓を開けて走れば走れないこともないでしょうに。

理由を明らかにするために、霜がどうしてつくのかを考えてみます。

霜はふつう冷え込んだ朝にできます。上空に雲が少ないとき、空気中の熱はさえぎられることなく、どんどん宇宙空間に逃げていきます。「放射冷却」と呼ばれる現象です。これは、もちろん夏にも起きているのですが、冬の場合は、ただでさえ空気が冷えていますので、霜の生成につながるわけです。

霜は小さな氷の結晶

空気がどんどん冷えていくと、空気に含まれていた水蒸気が水になって出てきます。

なぜなら、空気は際限なく水蒸気を含むことができるわけではなく、空気が含むことのできる水蒸気の量は限界があります。その量は、温度が高いほど多く、温度が低いほど少ないのです。

その水は夏でいえば朝露ですが、気温が0℃以下の場合には、水でいることができないため、氷になります。氷といっても大きい結晶ではなく、水蒸気の粒が集まった小さな氷の結晶で、これが霜の正体です。

しかも、霜は空気よりも比重が重いので、風がないところで降り積もるのです。それで、傾斜のゆるいフロントガラスに霜がつきやすいというわけです。

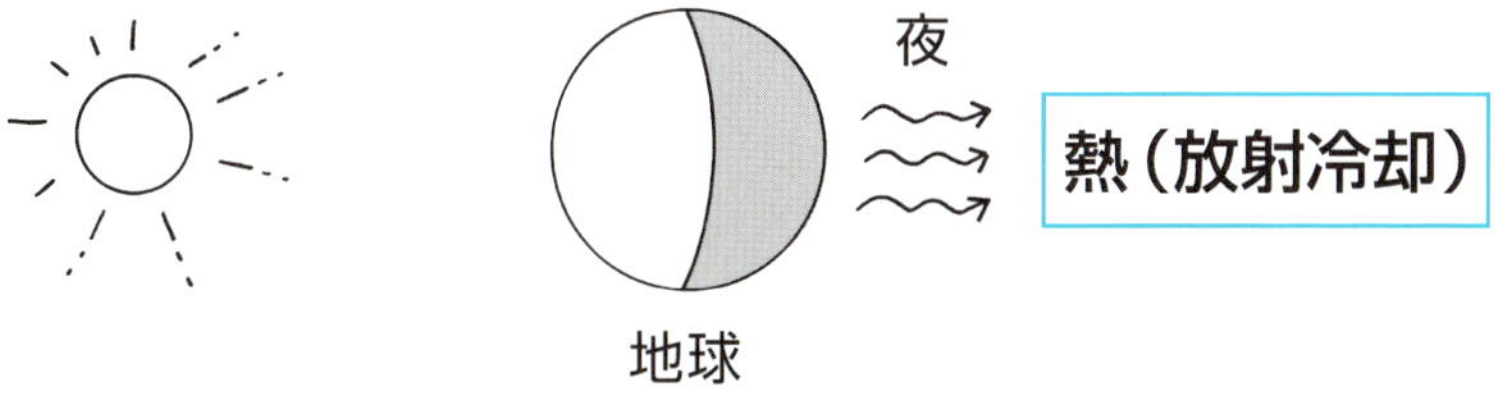

タイヤの空気を抜くと、冷たいのはなぜか？

断熱膨張

空気が薄くなると気温が下がる

真夏でも高い山に登ると、低地の暑さがうそのように涼しいですね。当たり前すぎて「なぜ？」とは考えませんが、物理で説明ができます。

登山で、標高の低い土地から、高い山（1000メートル以上など）に移動すると、もっていったお菓子の袋はパンパンになるし、おなかが何となく張ってウエストがきつくなってきます。これは、袋や腸の中の空気がふくらんだ証拠です。

標高が高いところほど空気が薄く、気体の圧力が低いので、温度が低くなるのです。

ちなみに、空気の温度は標高が100メートル上がるごとに、約0・65℃の割合で下がります。

気体は膨張するとき熱が下がる

タイヤから抜ける空気が冷たいのは、気体の圧力が低いと温度が低いのと同じ理由です。

タイヤのバルブを開けると、高い圧力で入れてあった空気が外に出てきます。気圧が高いところから低いところに出てきた空気は、まわりの空気と同じ薄さになるために膨張せざるを得ません。

しかし、気体が膨張するにはエネルギーが必要です。そこで、自分のもっている熱エネルギーを使って膨張します。このため気体の温度が下がるのです。

測ることはできませんが、このときタイヤの中の空気も薄くなっているため、温度が下がっているはずです。

これを「断熱膨張」といいます。

同じような現象に、スプレーをしばらく噴射していると、次第に缶が冷たくなってくるという現象があります。

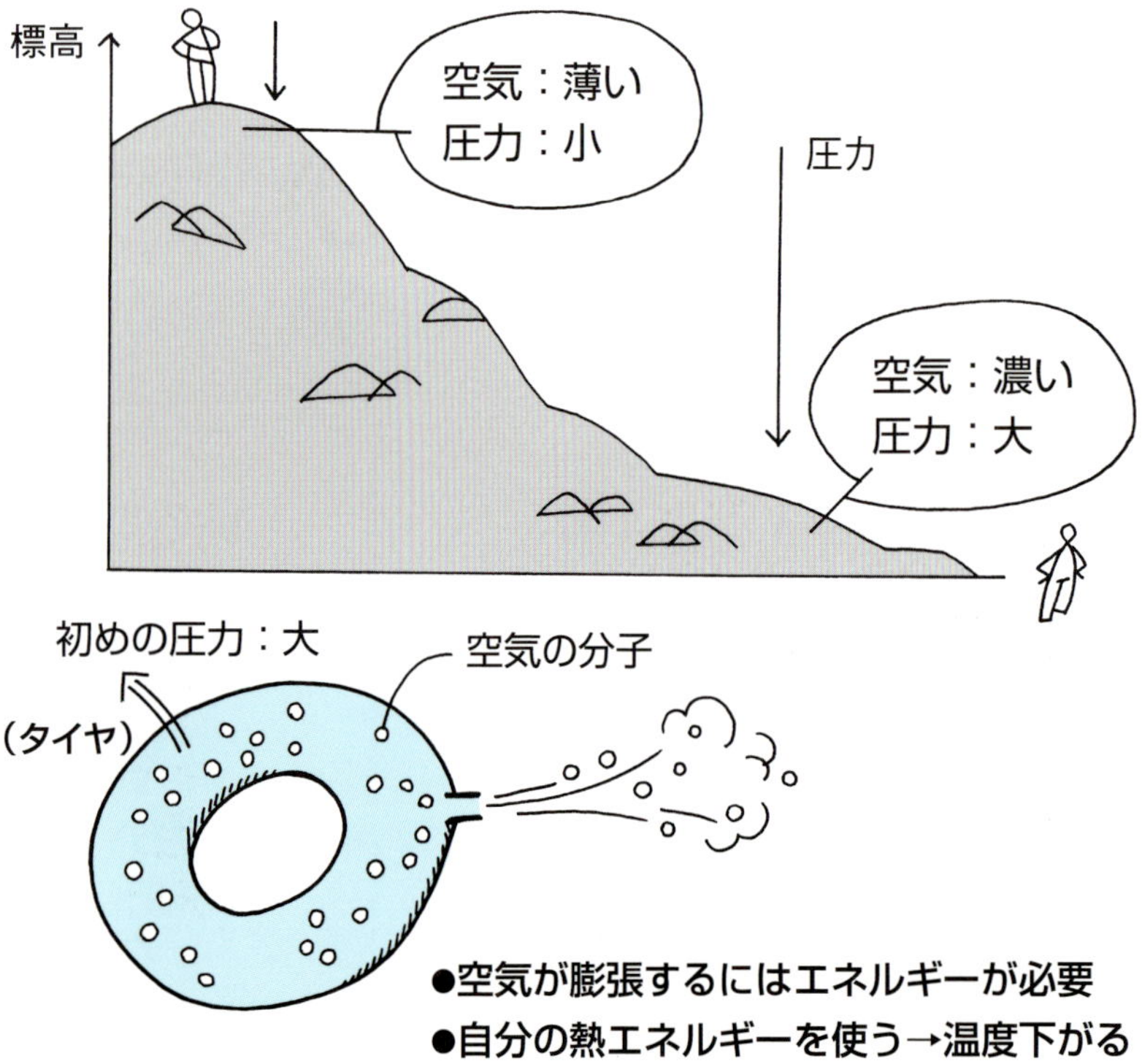

マジックミラーのしくみとは？

光の反射と透過

薄い金属膜をつけた鏡

こちら側から見ればただの鏡なのに、向こうから見るとこちらが透けて見えているマジックミラー。

よく刑事ドラマなんかに出てきますが、本物を見る機会なんてあまりありませんね。

でも例えば（あくまで例えばですよ）、どこかの脱衣室の鏡がマジックミラーだったら、なんて考えるとちょっと怖いです。

マジックミラーのしくみは簡単。要するに、とても薄い金属膜を付着させたガラス板です。

原理的には、金属膜が厚ければ鏡なのですが、金属膜が薄いから、入ってきた光をすべて反射させないで、一部を透過させることができるのです。

では、どうしてこれがマジックミラーになるのでしょう？

強い光が弱い光を見えなくする

ポイントは、マジックミラーが必ず明るい部屋と暗い部屋の境に取りつけられているということ。

明るい部屋にいる人の目に飛び込んでくる光は、マジックミラーに当たって反射した光（つまり鏡の役目をはたしている）と、隣の暗い部屋からマジックミラーを透過して入ってくる弱い光です。ですが、反射光が強すぎるので、隣の部屋からの光は見えません。

一方、暗い部屋にいる人の目に飛び込んでくる光は、隣の明るい部屋から透過してくる強い光と、マジックミラーに当たって反射した弱い光です。だから、隣の部屋が見えるというわけです。

夜、カーテンを開けていると、外から部屋の中が丸見えになるのも同じ理由です。

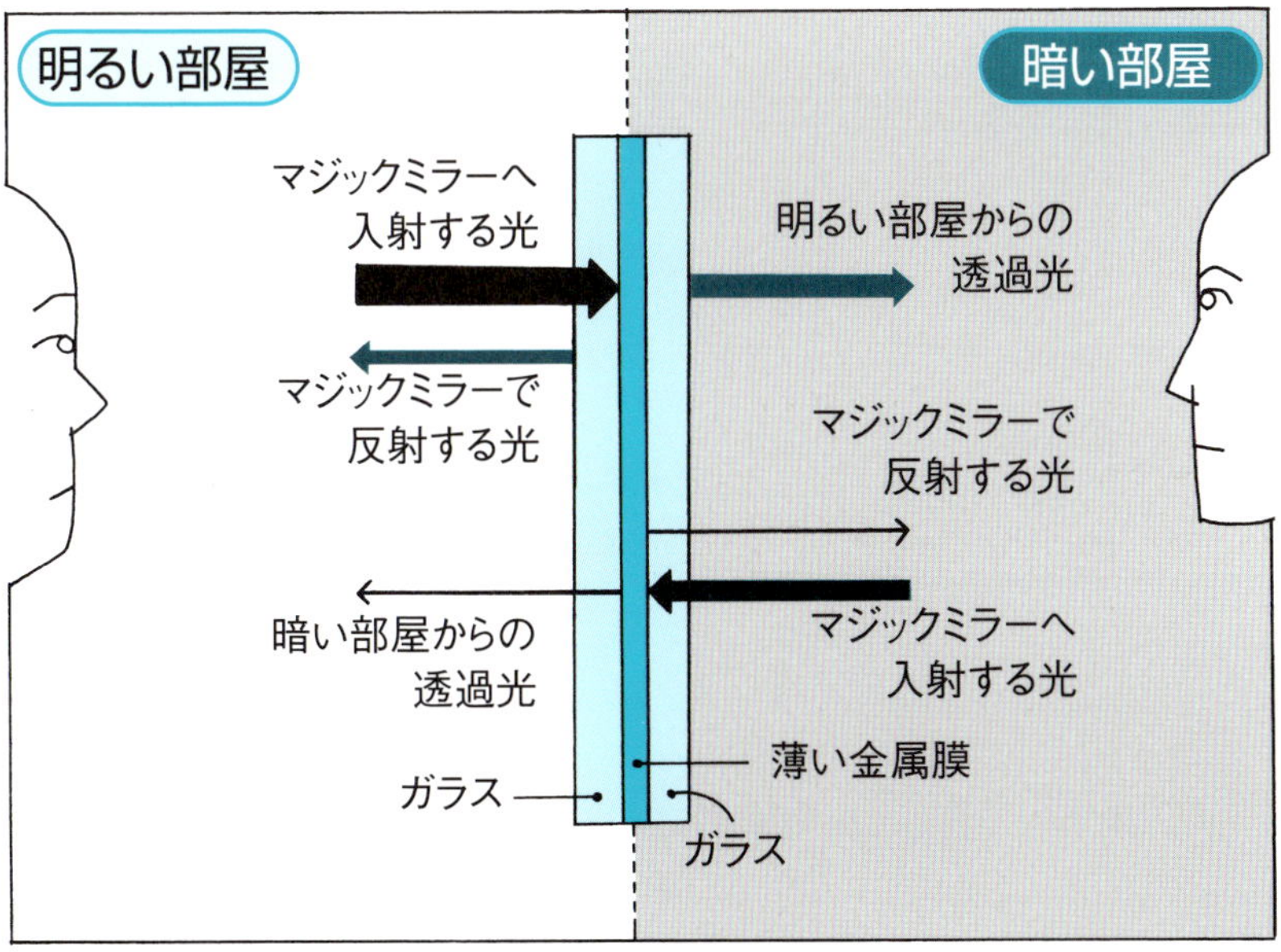

湿った空気と、乾いた空気はどちらが重いのか？

分子量を比べる

水蒸気が酸素や窒素と置き換わる

日常の経験から、「湿った空気は、乾いた空気よりも重い」と思っている人が多いようです。本当でしょうか。

湿度の高い空気というのは、乾いた空気の中に、水蒸気が含まれている状態です。ところで、乾いた空気の約70%は窒素で、約30%が酸素、残りわずかに二酸化炭素などが含まれています。

したがって、湿った空気は図のようなイメージで、水蒸気が空気中の酸素や窒素と「置き換わっている」ということです。

注意しなければいけないのは、酸素や窒素の個数に水蒸気が「足されている」のではないということです。

もし「足されている」のであれば、湿った空気のほうが気圧が高いことになります。しかし、広い範囲で考えると、気体は圧力の高いほうから低いほうにすみやかに移動するので、やっぱり圧力が均一になります。これは、水蒸気が窒素、酸素に「置き換わった」状態と同じです。

ということは、問題は酸素、窒素と水蒸気の重さを比較すればいいわけです。

分子の重さの比は、分子量でわかります。酸素（O_2）の分子量は32、窒素(N_2)の分子量は28です。これに対して水蒸気(H_2O)の分子量は18しかありません。ですから、湿った空気のほうが軽いのです。

ただし、水蒸気が液体の水になると、水分子が2～5個ぐらいつながって空気よりも重くなるので、どんどん落ちてきます。

つまり「湿った空気が下にたまる」と思っているのは、水蒸気が水となって落ちてきて、カビや結露になっているのを見ているからなのです。

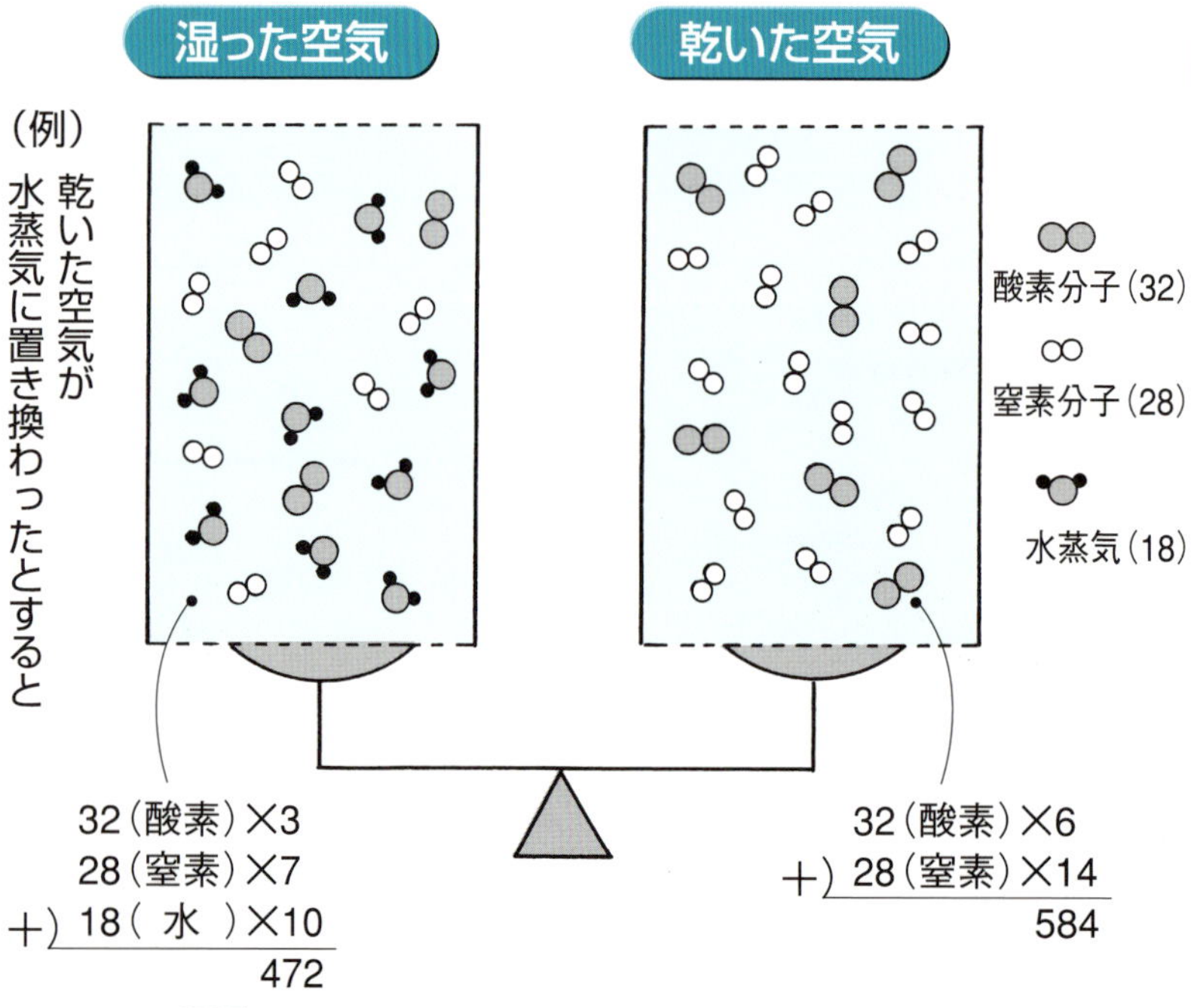

湿った空気は乾いた空気よりも軽い

霜柱はどうしてできるのか？

毛細管現象
放射冷却

毛細管現象で水が吸い上げられる

霜柱を見つけると、素通りできずにさりげなく踏んでしまう人は多いようです。

地面がボコボコと盛り上がっているところをよく見ると、柱状の氷（縦にスジが入っている）が地面からニョキニョキと生えていて、頭には土が乗っているのです。

植物でもないのに地面から生えている変な形。どうやってできるのでしょうか。

まず適度に湿った地面があるとします。そこで空気が冷え込んで、地面の温度が0℃以下になると、土の粒の間にある水や水蒸気が凍ります。

すると、地面の近くでは水分が少なくなるので、少し地面より下にある、まだ凍っていない部分の水の分子が移動し、表面の氷に吸い上げられてしまう現象が発生します。

この現象は「毛細管現象」といって、水の表面張力が強いために水分子同士が集まろうとして起きる現象です。

どんどん成長する霜柱

ところが、吸い上げられた水も、霜柱の根元にくると冷やされて凍ってしまいます。これが繰り返されて、霜柱がどんどん成長していくのです。

でも、霜柱がこんなに貪欲に次々と熱を奪い去り続けられる理由はほかにもあります。

それは、大気が放射冷却で冷え込んでいて、あらゆる熱を奪おうとしている状況だからです。

霜柱の頭についた土は、地面から運ばれた熱を大気に渡し、霜柱全体を冷やし続ける役目をはたしているようです。

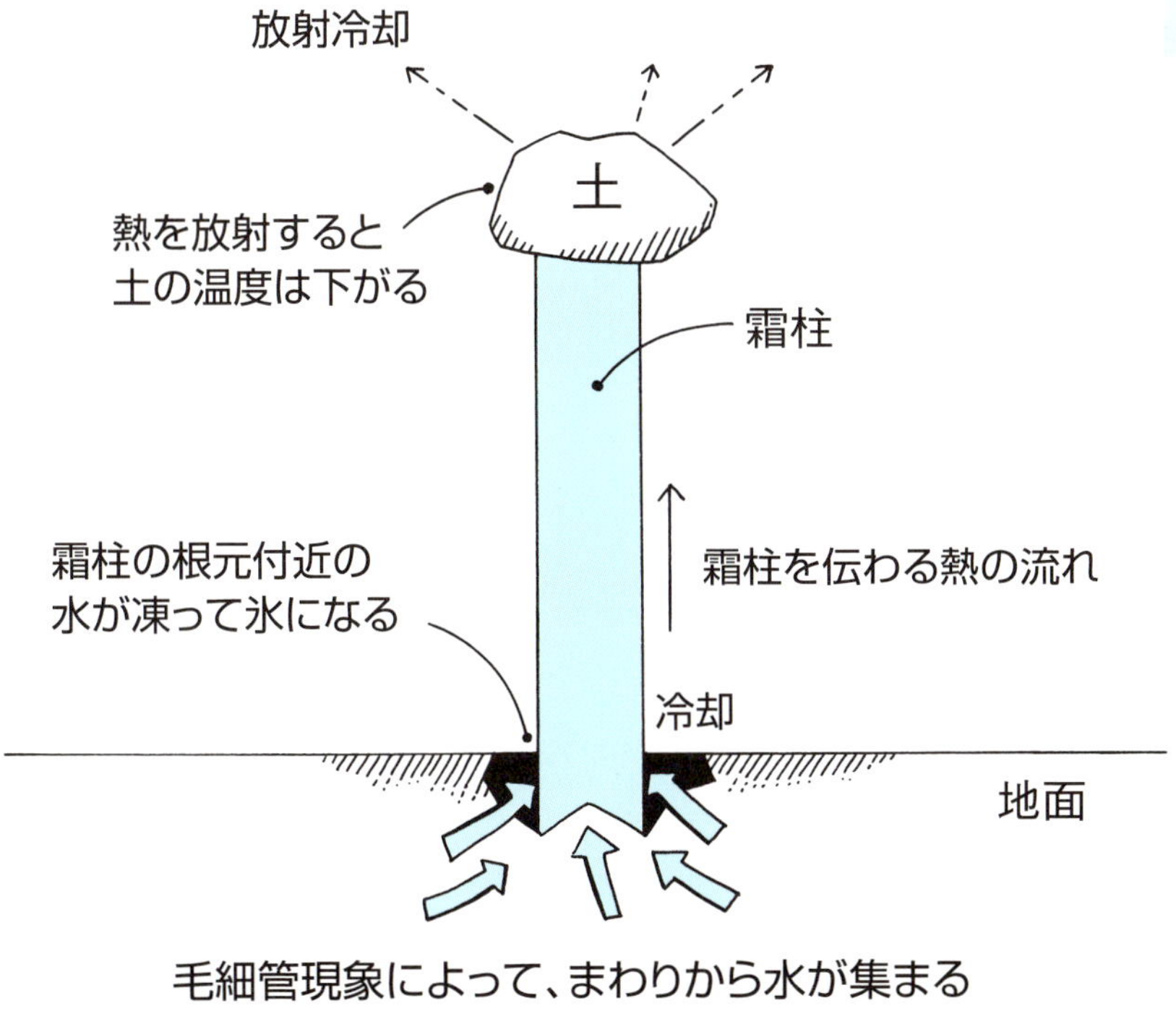

偏光サングラスは、ふつうのサングラスと何が違うのか？

光の振動面

ギラギラした水面下の魚が見える

「このサングラスをかけると、ほら、魚が泳いでいるのが、こんなにくっきり見えるでしょ」

ギラギラと太陽の反射光で光る水面が、サングラスをかけるだけで水中まで見え、泳ぐ魚まで見えてしまうのです。

これが偏光サングラスです。どんなしくみなのでしょう？

それには、少しだけ光のことを知る必要があります。

そもそも、光というのは電磁波で、お互いに直交する電場と磁場の振動がひと組になって進む横波です。

偏光サングラスのしくみは、電場の「振動面」に注目します。

自然光と偏光

太陽からやってくる光は、この振動面が1方向ではなく、いろんな方向に振動面をもつ光が混じっています。このような光を自然光といいます。逆に、1方向しか振動面をもたない光を偏光といいます。

自然光を「偏光フィルター」に通すと、特定の振動面の光だけを選び出すことができるのです。

その理由は、偏光フィルターというのが、細長い分子や結晶などが向きを揃えて配列してある、微小なスダレみたいなものだからです。

光を振動面によってふるいにかけるのが、偏光フィルターです。

さて、水面には面白い性質があって、反射して出てくるギラギラした光は、振動面が地面と並行な方向の偏光になっています。したがって、それに直交するような偏光フィルターをサングラスとして使えば、反射光がカットされ、水の中からの透過光だけが目に入ってくるので、魚がよく見えるというわけです。

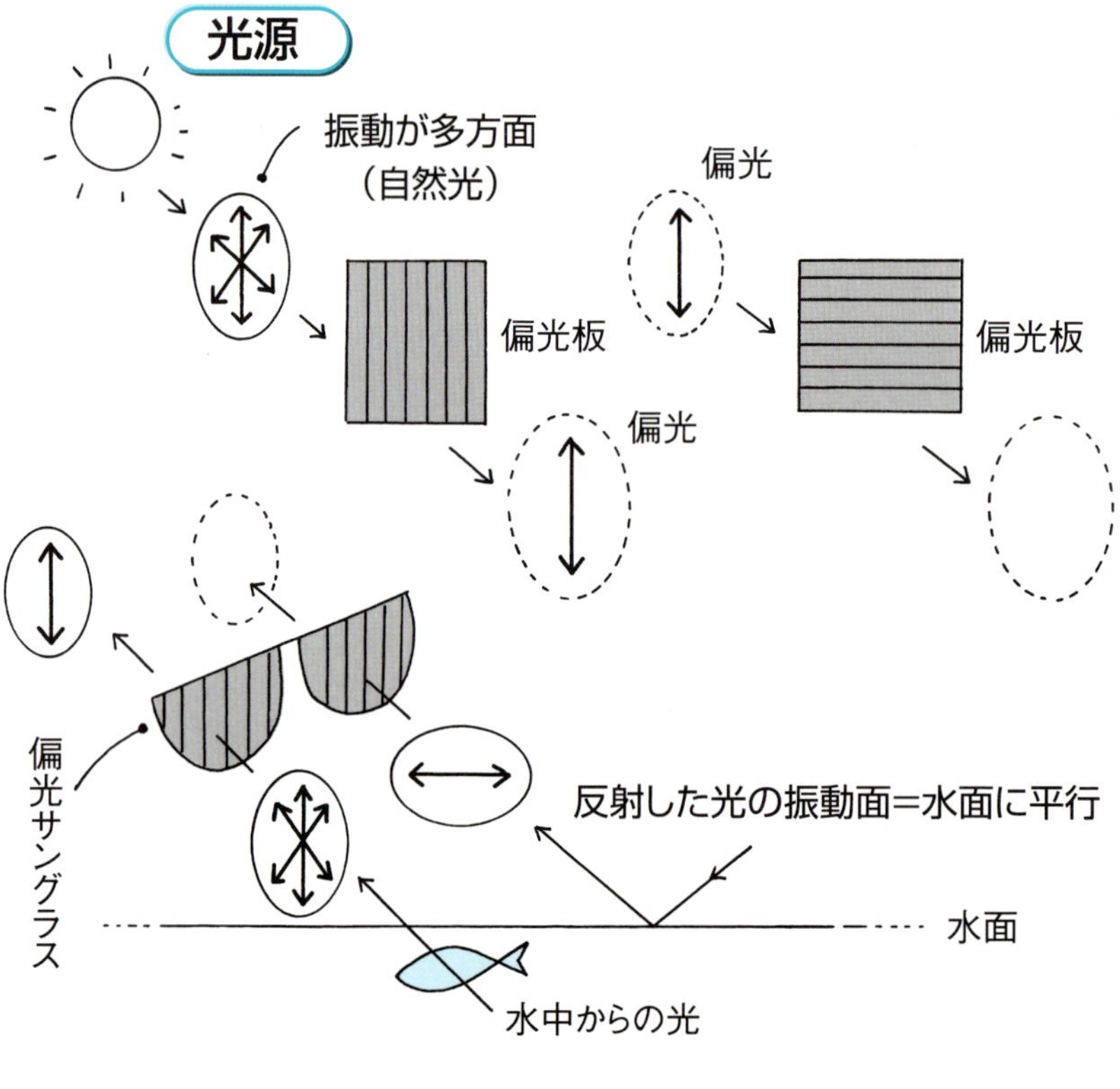

音で音を消すことができるのだろうか？

波の干渉

騒音対策してますか

うるさい音が聞こえてきたら、あなたはどうしますか？

耳をふさぐ、布団をかぶる、窓を二重サッシにかえるなど、「防御」するというのがこれまでの考え方の中心ですね。

ところが、「毒をもって毒を制す」ではありませんが、根本的に別な方法があるのです。それは、こちらからも音を出すという方法です。

といっても、こちらもやたらに大きい騒音を出して、相手を心理的にひるませようというのではありません。

音をもって音を制す方法

そもそも、音は波ですから、2つの波が重なると、干渉して、強めあったり、弱めあったりします。

ですから、図のように騒音をそっくりまねて、波形の正負が逆になるような音（位相が180度ずれた音、という言い方をします）を瞬時に作り出して、こちら側から騒音を消したい場所に向けて出してやれば、音が干渉して騒音がなくなるのです。

このような方法を、アクティブノイズコントロールといいます。

すでに高級車でエンジン音を消したり、冷蔵庫の騒音を消したり、携帯電話で騒音だけを消したり、などの実用化が始まっています。

この技術、考え方自体は新しいものではないのですが、最近になって急速に実用化されるようになったのは、「マイクで騒音を拾い、高速演算装置を使って瞬時に逆の波形を作り出す」のに必要な高速デジタル信号処理技術が発達したからです。

そのうちに、ドラえもんもビックリの「音消し銃」なんていうのが誕生したりして!?

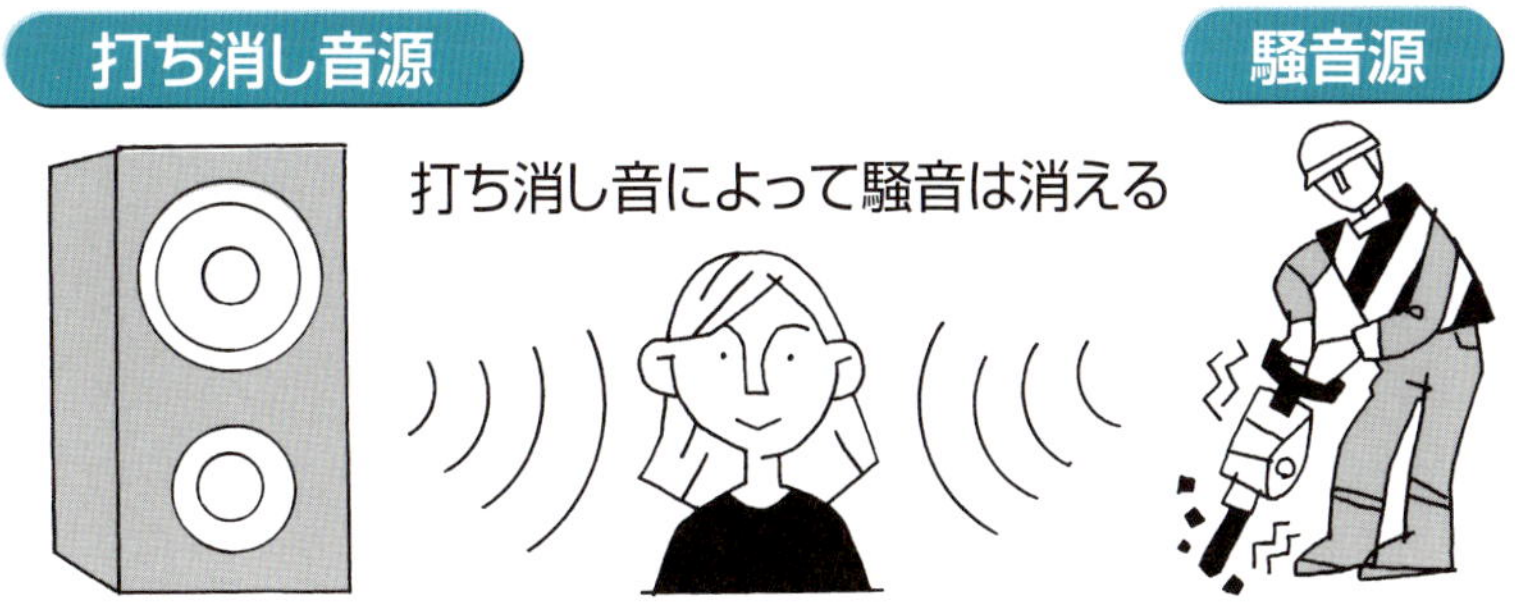
打ち消し音源
騒音源
打ち消し音によって騒音は消える

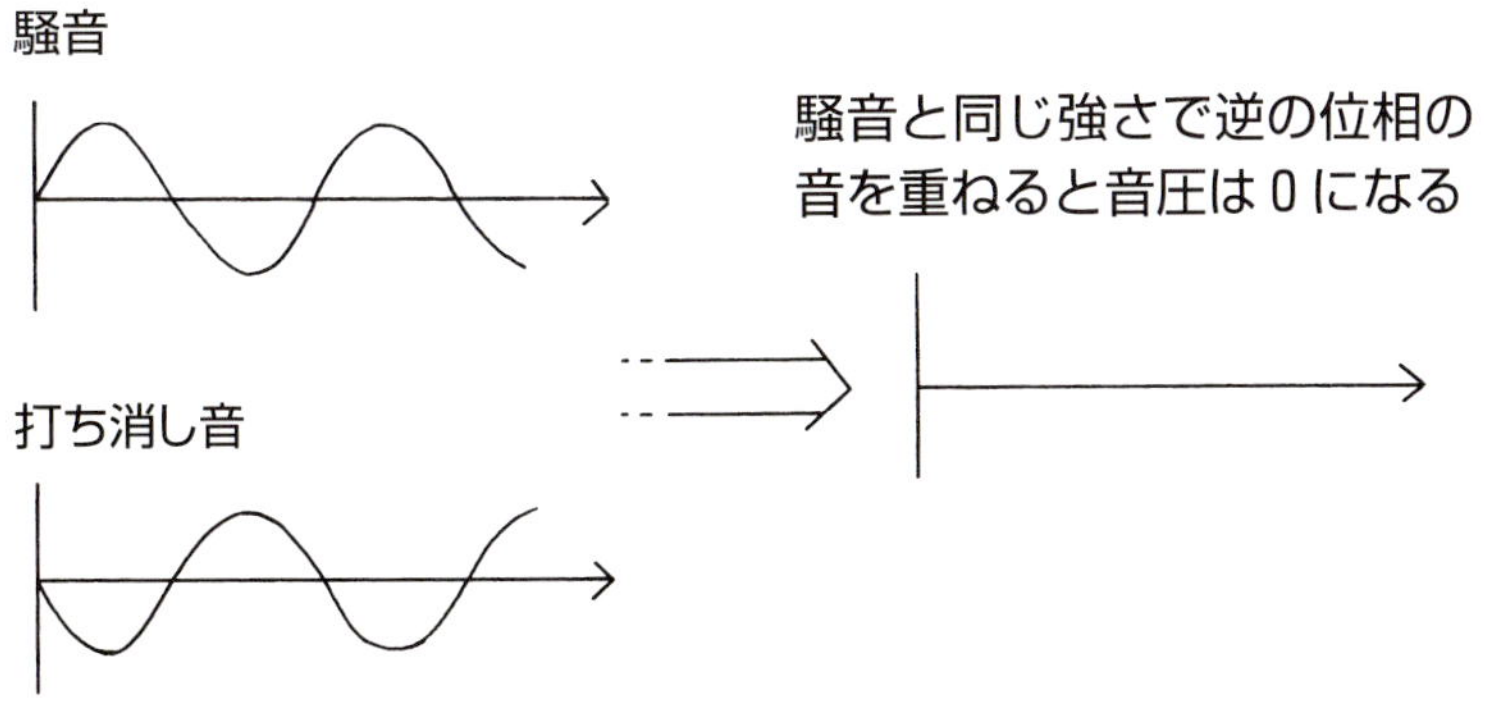
騒音
打ち消し音
騒音と同じ強さで逆の位相の音を重ねると音圧は0になる

紫外線カメラに幽霊が映るというのは、あり得ない理由

幽霊を信じますか？

幽霊や心霊話がエンターテインメントであるかぎりは、別に目くじらを立てることもないし、話としてよくできていればそれなりに楽しめるかもしれません。

でも、信じてしまって怖くなる人もいるはずです。しかも、世の中にはそういう心理につけ込む悪い輩《やから》もたくさんいますから、本当に注意が必要です。

そんなときに、物理はけっこう役に立つのです。

例えば、「幽霊の撮影に成功した」という話があるとしましょう。

撮影後の画像の合成方法はいくらでも思いつくのでおいておくとして、そうでない場合でも、映っているものが実際に存在すると信じるにはまだ早いのです。

可視光線や赤外線で撮影した場合

まず可視光線で撮影した映像の場合、次の2点が疑えます。

①何かに反射、屈折した光の可能性はないか。

②蜃気楼のように空気の温度勾配で光が曲がっているのではないか。

赤外線カメラで撮影した場合は、反射・屈折に加えて、さらに疑うべき項目が増えます。

③可視光線に波長が近い近赤外線は、煙や薄い布を通過できるので、そのようなモノの向こう側を撮影することができ、分解能が低いので、妙にぼやけた像になる。

④遠赤外線は、すべての分子から出ていて、温度が高い物質ほど波長の短い遠赤外線を出す（赤外線サーモグラフィはこの性質を利用している）。ですから、遠赤外線で何か映っていたとしても、何の証拠にもなりません。

紫外線で撮影した場合

最後に、紫外線で撮影した場合です。そこに映っているものは、ほとんど発生源を突き止めることができるのです。

私たちがふつうに生活している環境での紫外線の発生源は、太陽光線や宇宙線、蛍光灯から漏れ出てくる光、それからブラックライトと呼ばれる特殊なライトぐらいです。

しかしそれでも、何もないはずの空間に紫外線で何か見える場合がありえます。

紫外線の散乱光です。紫外線は波長が短いため、散乱が起きやすいのです。第4部の「空はなぜ青く見えるのか」の項の、青系統の色ほど散乱しやすい理由と同じです。

空気中の窒素や酸素分子、タバコの煙のような微粒子に紫外線が当たると、散乱が起きて検出される可能性があるのです。

そもそも紫外線は、やたらにあるものではありません。紫外線を作るのに高いエネルギーが必要だからです。

したがって、紫外線カメラで幽霊が映ったとすれば、その幽霊は温度に換算すると1000℃近くにもなります。そんなものが近くにいたらさすがに気づかないわけがありません。

第2部

台所の謎をおいしく物理する

味噌汁の爆発を防ぐ科学的なワザはあるのか?

液体から気体への変化

100℃になるだけでは沸騰しない

「味噌汁が台所で爆発、窓ガラス飛び散る」などというニュースを耳にしたことがありませんか。

キッチンで、それも味噌汁で爆発事故だなんて、聞き捨てならない話です。あれは「突沸《とっぷつ》」という物理現象です。

水は1気圧のもとでは100℃で沸騰するというのが常識ですが、厳密には沸騰は液体の温度が沸点に達しただけでは起きないのです。

そもそも、沸騰とは液体のいたるところでボコッと気泡が生じて液体から気体に変化することをいいます。

泡が大きくなる境目とは?

ところがこの泡は、ある半径を境にしてそれよりも大きくなってしまえば安定するのですが、小さいうちは小さくまとまろうとする力のほうが強く働く（お味噌汁のようなドロドロの液体はなおさらです）ので、その半径を乗り越えるエネルギーを外から与えてやらないと、大きくなれないという性質があります。

つまり、泡が順調に成長するためには、「きっかけ」が必要なのです。具体的には、鍋の表面に傷や凹凸があることや、味噌汁をかき回すことが「きっかけ」になります。

もしこのような「きっかけ」が与えられないと、鍋の中は「気体になれそうでなれない泡の卵たちが充満している」状態になります。

そこに初めて「きっかけ」が与えられると、いっせいに泡が誕生し、爆発してしまうのです。

ですから、突沸を防ぐには、

①味噌汁をあまりドロドロにしない
②凹凸になる具を入れておく
③かき回し続ける

の3点が重要ということです。

突沸のしくみ

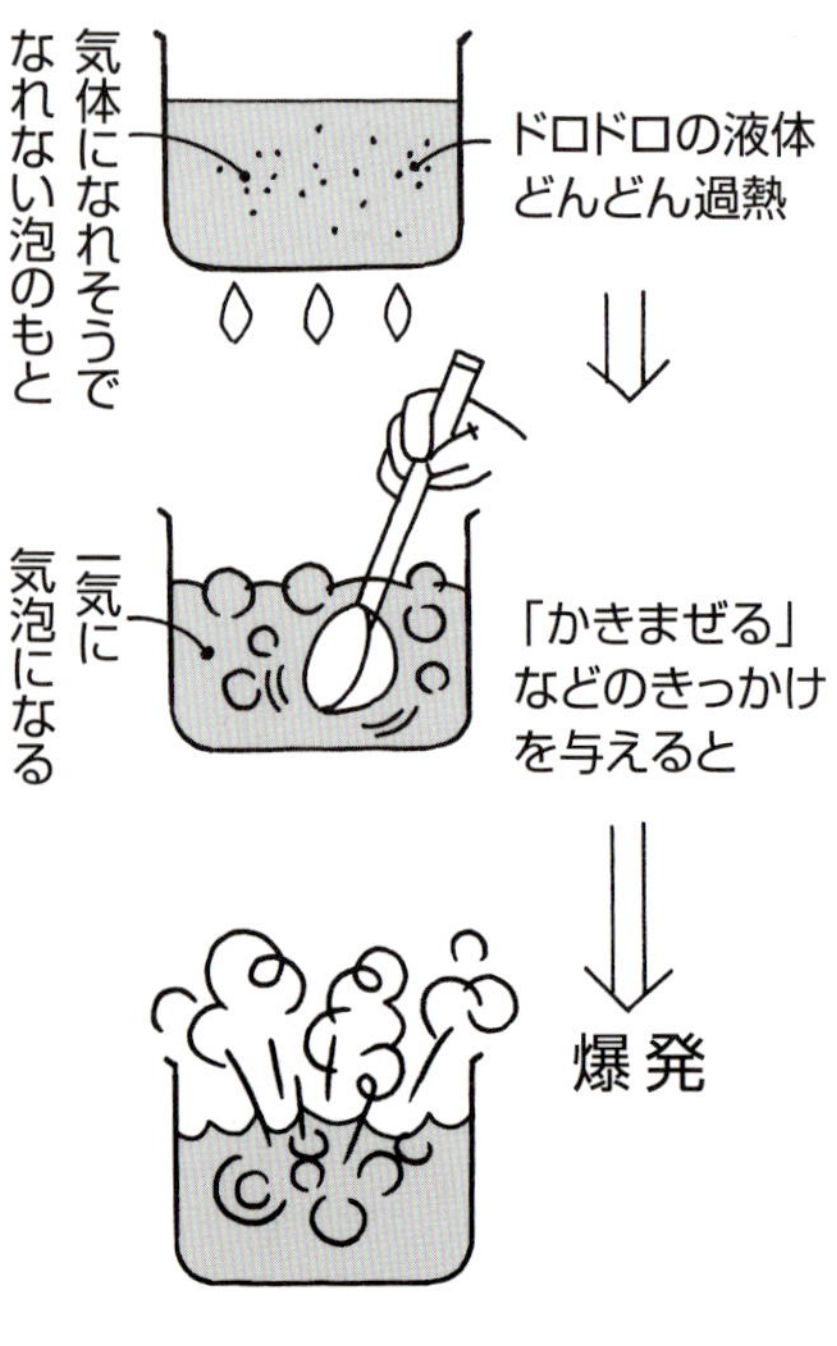

泡のできるしくみ

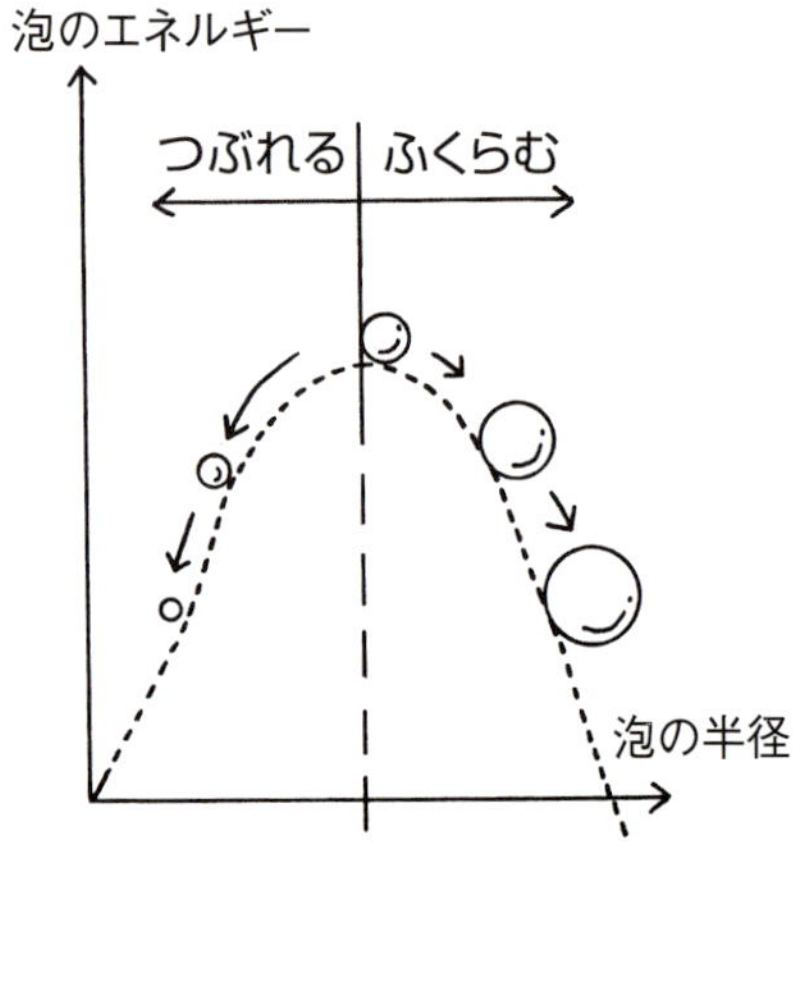

ビールの泡を最後までとっておくには?

二酸化炭素の気化

ビールの泡には2種類ある

お店で飲むクリーミーな泡立ちのビールは、とてもおいしいですよね。この泡は、ビールに溶けている二酸化炭素が泡になったもの。

さらに、ビールにはたんぱく質が含まれています。それを構成するアミノ酸は、水とくっつきたい部分（親水性）と水とくっつきたくない部分（疎水性）があります。

これは石けんととてもよく似た特性で、かきまぜると安定した泡を作ります。

卵白や生クリームもホイップして空気を含ませることで泡立ちます。たんぱく質は一般的にこのような性質があるのです。

ビールの場合、初めに述べたように二酸化炭素を含んでいますので、グラスに勢いよくビールを注ぐだけで、きめの細かな泡を作ることができるというわけです。

問題は、これをいかに消さないでおくかということです。

きめ細かな泡を長もちさせるには

ビールをよく見ると、グラスの壁から気泡が一直線にボコボコと上がっていることがあります。

この気泡は、炭酸飲料といって私たちがまずイメージする発泡ではありますが、実は先ほどのきめ細かな泡に衝突して、もちを悪くする原因となります。

これはビールに溶けている二酸化炭素が、グラスのキズや汚れのある場所で液体から気体に気化している現象なのです。

ですので、キズのないグラスを中性洗剤でよく洗って、ホコリがつかないように自然乾燥させて準備しておくというのも大事だということになります。

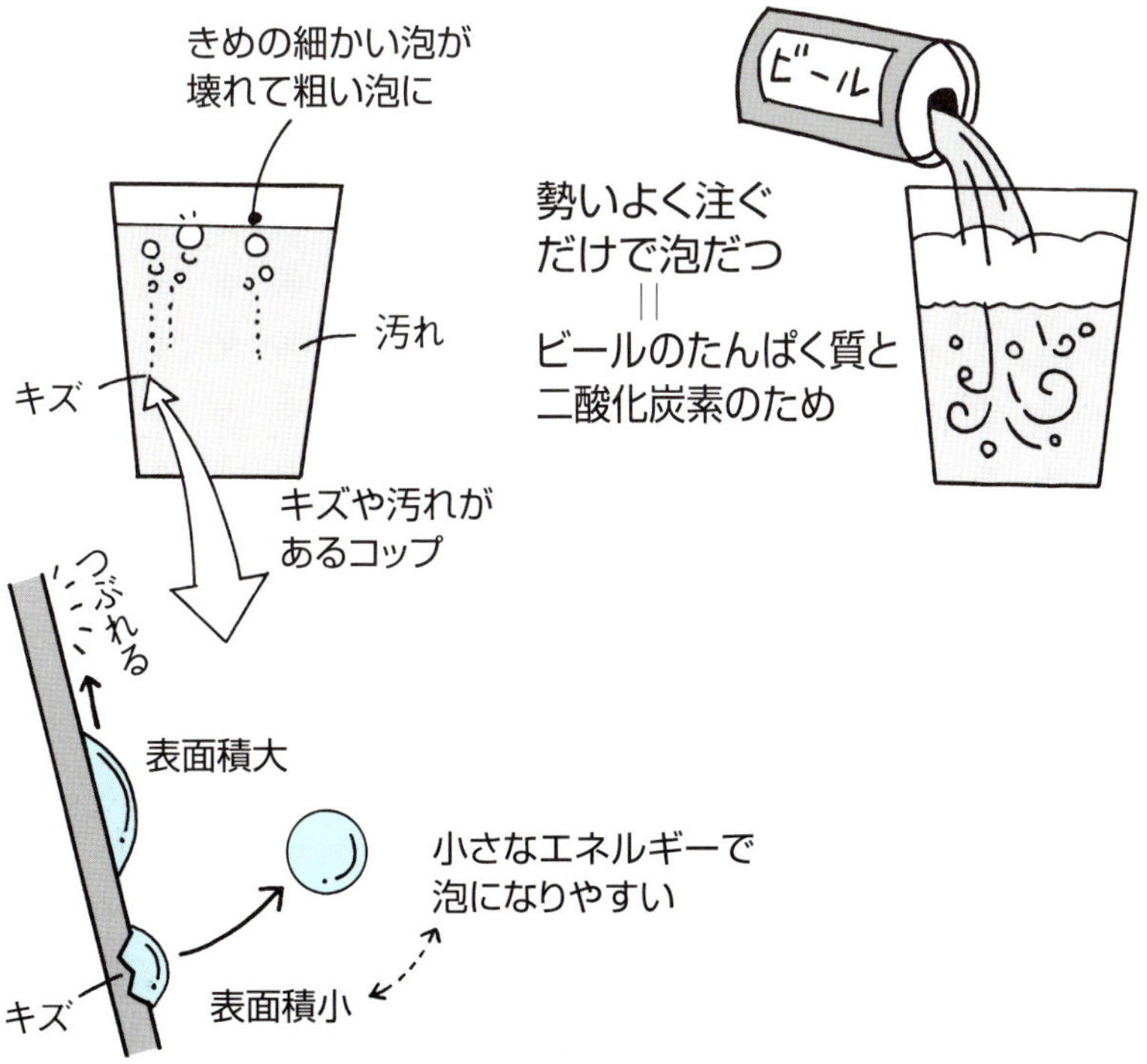

同じ量でも材料を半分に切ると、調理時間も半分か？

食材に熱が伝わる早さ

調理時間を節約するには

ちょっと忙しいときでも、おいしい料理をさっと作れたらいいですよね。そんなときに役立つアイデアがこれ。

食材の厚さを半分にすると、調理時間は、何と4分の1になるのです。

例えばカレーを作るとき、じゃがいもや人参の大きさは、料理時間を左右する重要なポイントですよね。でもあまりに小さなじゃがいもや人参のカレーはちょっと……、という方は、ためしに1辺だけ半分に切ってみてください。

いつも3センチ角ぐらいの立方体の大きさでじゃがいもを切っているとしたら、その1辺だけを半分にして、3センチ×3センチ×1・5センチの直方体にするのです。

こうすれば、火が通るまでの時間が4分の1に短縮されて、見た目には大きな野菜がゴロゴロ入っている、おいしいカレーができ上がります。

半分に切ると時間は4分の1に

なぜかというと、一般に、食材に熱が伝わる速さは、食材の厚さの2乗に比例するからです。

ですから、ある一辺の厚さを2倍にすると調理時間は4倍、厚さを3倍にすると調理時間は9倍……という関係になっています。

もちろん、火の通りやすさは食材によって違います。食材によって、熱伝導率（熱をどの程度伝えやすいか）や、熱容量（温度を1℃上げるのにどれだけのエネルギーが必要か）がまちまちだからです。

ですから、じゃがいもとキャベツの炒めものを作るとき、じゃがいもをなるべく薄くスライスして最初に炒め、あとからキャベツを加えて手早く仕上げるのがおいしさのコツ。

寒天とゼリーの作り方はなぜ違うのか？

コラーゲンと多糖類

たんぱく質だから壊れやすい

ゼリーを作るとき、待てど暮らせど固まらなかったとか、寒天が思ったより固くなってしまった、ということがあります。

ゼリーをうまく作るコツは次の4つです。

①生のままでパイナップル、パパイヤ、キウイ、メロンなどのフルーツを入れない
②沸騰させすぎない
③酸っぱいものはゼラチンを溶かしたあとに加える
④室温ではなく冷蔵庫で冷やす

この理由はゼリーがたんぱく質で、分解酵素と熱と酸に弱いからです。

そもそもゼリーの原料は、コラーゲンです。そのままでは硬いロープ状なのですが、70℃ぐらいに熱すると、ばらばらな分子の集まりになります。15℃以下に冷やすと、分子に大量の水がくっつき、寄り集まり、ゼリーになるので、冷蔵庫で冷やす必要があります。

食物繊維だから壊れにくい

次に、寒天のポイントを4つあげてみましょう。

①数分沸騰させて完全に煮溶かす（必要のない商品もあります）
②酸で分解しやすいので注意
③砂糖を入れると固くなる
④40℃以下で固まり始める

寒天はテングサなどの紅藻類からとれる多糖類（糖の分子が長くつながったもの）で、食物繊維が豊富です。だからゼリーに比べて熱に強く、砂糖とくっつきやすいのです。

水を入れて沸騰させると分子の絡みあいがほどけ、水と結合したネットワークを作ります。そのためゼリー同様、何度でも溶かしたり固まらせたりできるのです。

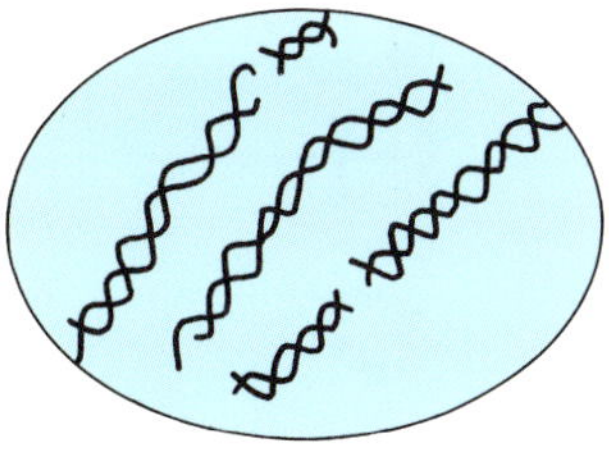

〈寒天〉
らせん状に絡みあっている

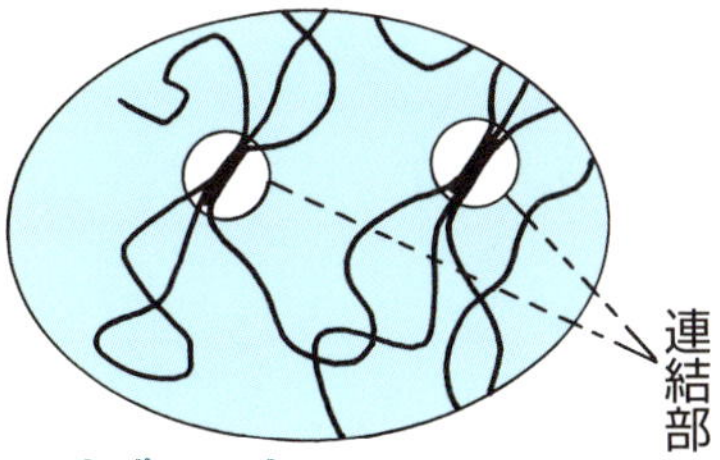

〈ゼリー〉
長い分子が絡みあい、ところどころに連結している部分がある

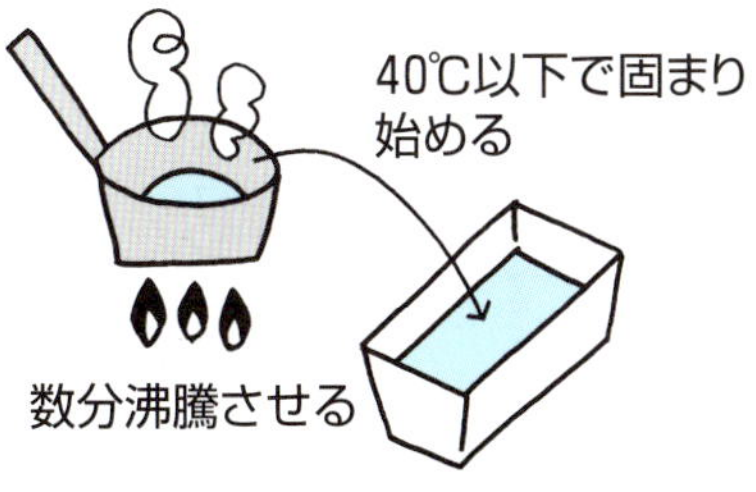

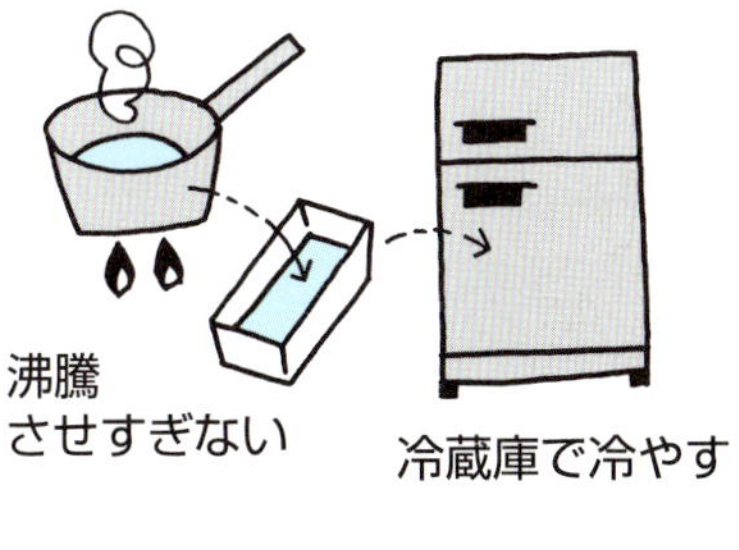

フライパンや鍋の焦げつきをなくす方法とは？

固体の表面張力

テフロンはなぜくっつかない？

テフロンのフライパンや鍋は焦げつかなくて便利ですよね。でもなぜ焦げつかないのか、不思議に思いませんか？

テフロンは米国デュポン社の商標ですが、ポリテトラフルオロエチレンというフッ素樹脂が鍋の表面にコーティングしてあります。

この物質は、表面張力（75ページ参照）が小さいので、表面にやってきた食べ物の分子を引っ張ろうとする電気的な力が小さく、化学反応を起こしにくいのだそうです。

つまり、食材と鍋が化学反応しない、というのが焦げつかないためのポイントということです。

くっつき防止のコツ

では、テフロン加工ではない鍋を、なるべく焦げつかなくさせる方法はないのでしょうか。

そもそも鍋の焦げつきは、鍋に食品がくっつくことが始まりです。特に取れにくくて厄介なのが、牛乳や卵、肉などといったたんぱく質です。たんぱく質は80℃以上で化学反応しやすくなるうえに、鍋の金属イオンとも反応するのです。

したがって、金属がむき出しになっている状態をなくせばいいわけです。

方法を2つ紹介しておきます。

①油をしき、煙が出るまで熱する

これで、鍋に薄い保護膜ができます。洗剤で洗うと落ちてしまうので、洗うときには洗剤を使わないほうがいいでしょう。

②型にバターを塗り、小麦粉を少しふっておく

ケーキのレシピにこのような指示があるのは、こういう物理の理論が隠されているのが理由なのです。

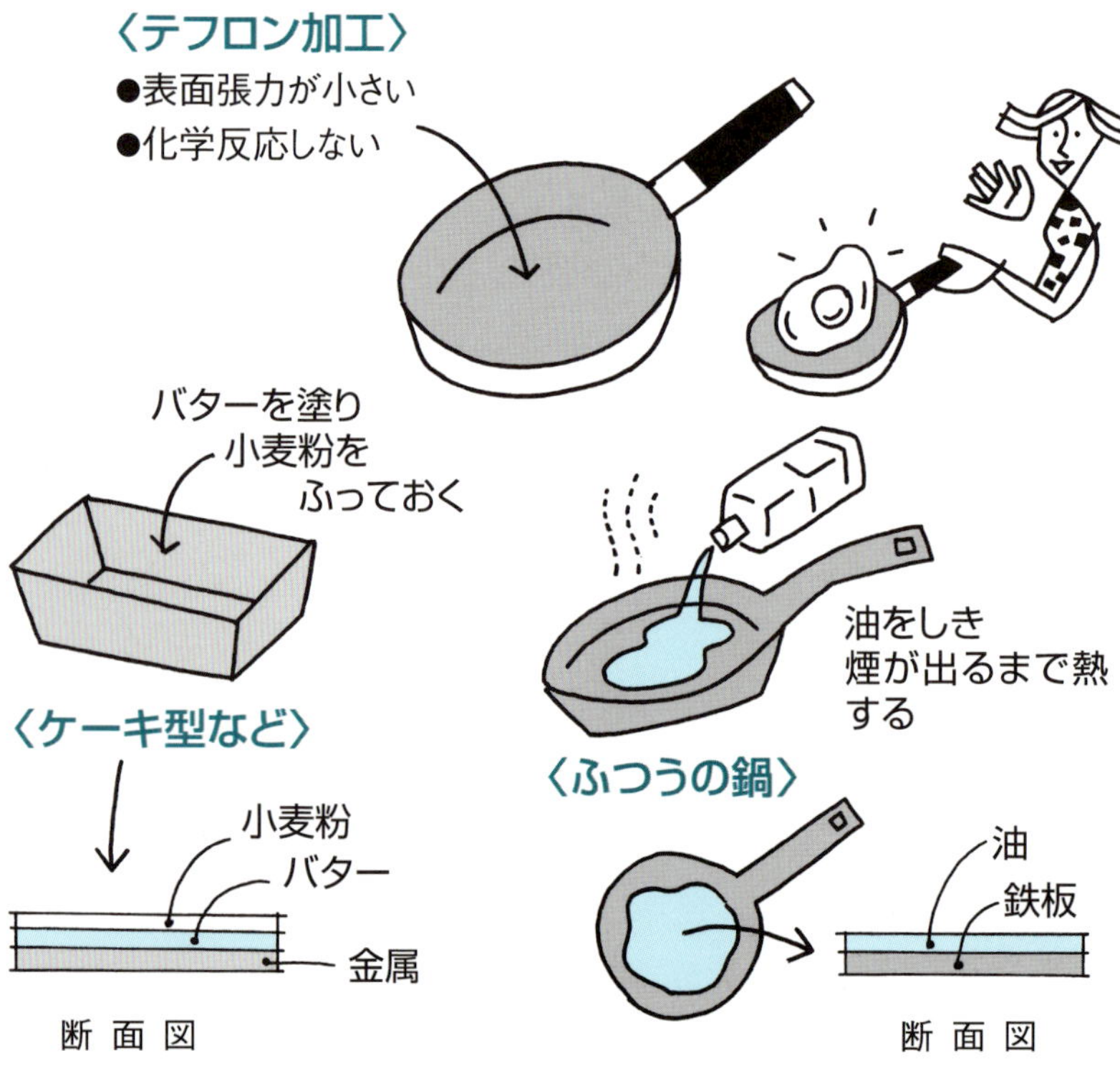

力を入れずに栗の皮をむく方法は？

水分を熱するマイクロ波

一般的な栗の皮むき方法

秋になると出回る栗。栗ご飯、栗きんとん、モンブランケーキなどなど、秋の味覚の中では定番の食材です。

でも、いざ自分で調理するとなると、皮むきがとても厄介です。

栗は、堅い外皮（鬼皮）があるし、内側には渋皮がへばりついているからです。最近は栗の皮むき専用の包丁や、栗の皮むき機なるものまで発売されているようです。

そのような道具もいいかもしれませんが、家庭にあるもので何とかしようとすると、一般的に知られている方法は次のようなものです。

①2～3時間、お湯につけて外皮を柔らかくしてからむく
②少し固めに茹でてからむく
③茹でてからいったん冷凍し、少し解凍してからむく

電子レンジを使ってみる

これらはどれも外皮を柔らかくするという発想です。そこで、ちょっと発想を変えて、渋皮を吹き飛ばすことに目をつけた簡単な方法をご紹介します。

洗わないままの栗を用意し、上下に小さな穴をあけ、電子レンジの「強」に45秒程度かけます。

電子レンジは水分を熱します（39ページ参照）。ですから栗を電子レンジに入れると、マイクロ波は実の水分だけを熱します。外皮や渋皮にはほとんど水分がないからです。

すると、水蒸気が発生し、行き場を求めて水蒸気が渋皮を吹き飛ばすのです。あつあつのうちに皮をむけば、渋皮ごときれいにむけます。ただ、冷めると急にむけなくなるので、少量ずつ加熱し、手早くむくようにしたほうがいいでしょう。

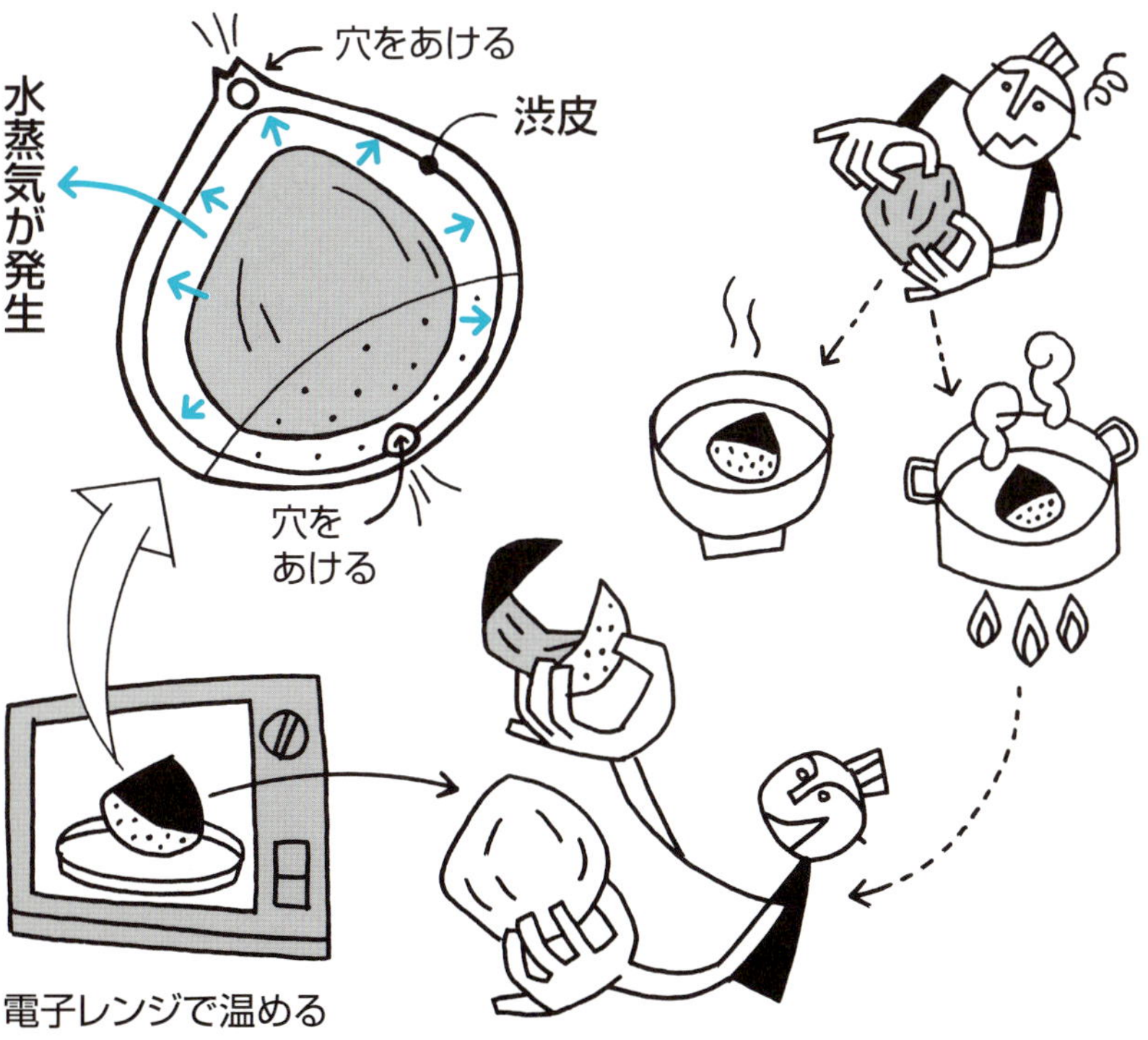

家庭でおいしく焼きいもを作るには？

遠赤外線による長時間加熱

石焼きいもが甘いのは？

「いーし焼きいも〜、焼きいも」

木枯らしが吹くころになると聞こえてくる声。石で焼いたさつまいもは、本当に甘いんです。

その理由は、石の熱でじっくり焼くからです。

そもそも、石で焼いたさつまいもが甘くなるのは、さつまいもに含まれているデンプンが、麦芽糖になるからです。

その作用をするアミラーゼという酵素（生体の作用を助ける物質）がもっともよく働く温度は60〜70℃なのですが、何と、石焼きいもの石は、遠赤外線でその温度を長時間保つことができるのです。

しかも、長時間焼いているうちに水分が蒸発するので、甘さがより濃厚になります。

つまり、石はさつまいものおいしさを引き出す名シェフだったのです。

オーブンでじっくり焼く

では、家庭でおいしい焼きいもを作るには、どうしたらいいのでしょう？

ポイントは60〜70℃を長時間保つことです。

いもの大きさやオーブンの機種によって違いますが、そのためには、１２0〜１５0℃程度に熱したオーブンの下段で、20分ずつを目安に両面を焼いてみましょう。

ところで、最近は電子レンジ加熱で甘くなる新品種のさつまいもが登場したとか。

電子レンジは急激に温度を上げてしまうので、本来焼きいもには向かないのですが、この品種はデンプンを工夫し、幅広い温度で麦芽糖ができるようになっているのだそうです。

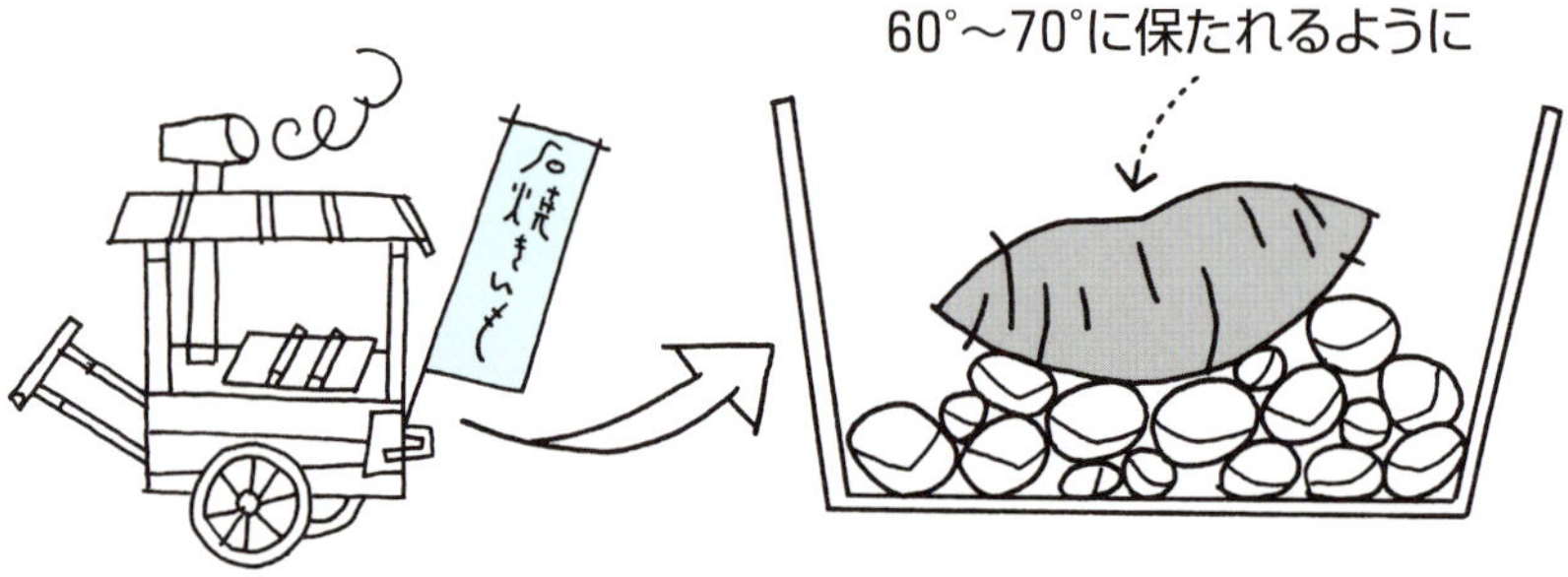

味噌汁になぜきれいな模様が浮き上がるのか？

ベナール対流

対流の中でも基本的なもの

味噌汁に味噌を溶かして、うっかり鍋を火にかけたままにすると、表面に規則的な模様が現れます。

よく見ると、六角形が並んだようなきれいな模様が浮かび上がるのですが、これは何でしょうか。

味噌汁を鍋の底から加熱すると、対流が起こります。対流のしくみは、鍋底付近で温まった味噌汁の一部が軽くなって上昇し、表面に達したところで空気に接し、蒸発して冷やされ、再び下降する、という動きの繰り返しです。

そして、この対流が柱のようにいくつもでき、上から見ると細胞状の模様が見えます。

そして、よく見ると、1つ1つの細胞模様の中心付近が上昇している流れで、側の部分が下降する流れになっていることがわかります。実は、このような対流は、対流の中でもっとも基本的なもので、「ベナール対流」と呼ばれています。空に浮かぶ雲も、この対流の雲が現れることがあります。

なぜ六角形になるのか

それにしても、模様が六角形のようになる理由はなぜでしょうか。

対流が激しいほど、対流の柱がたくさんできますが、1つ1つの柱は細くならずに、ある一定の太さを保ったままです。自然に決まるこの太さが何を意味するのかは興味がつきないところですが、結局、この柱がところせましと並ぶことになります。

限られた面積に円形状のものを、できるだけ多く、すきまなく並べようとすると、その並べ方はます目状ではなくて、蜂の巣状の六角形になります。それで、味噌汁に六角形の模様が現れたのです。

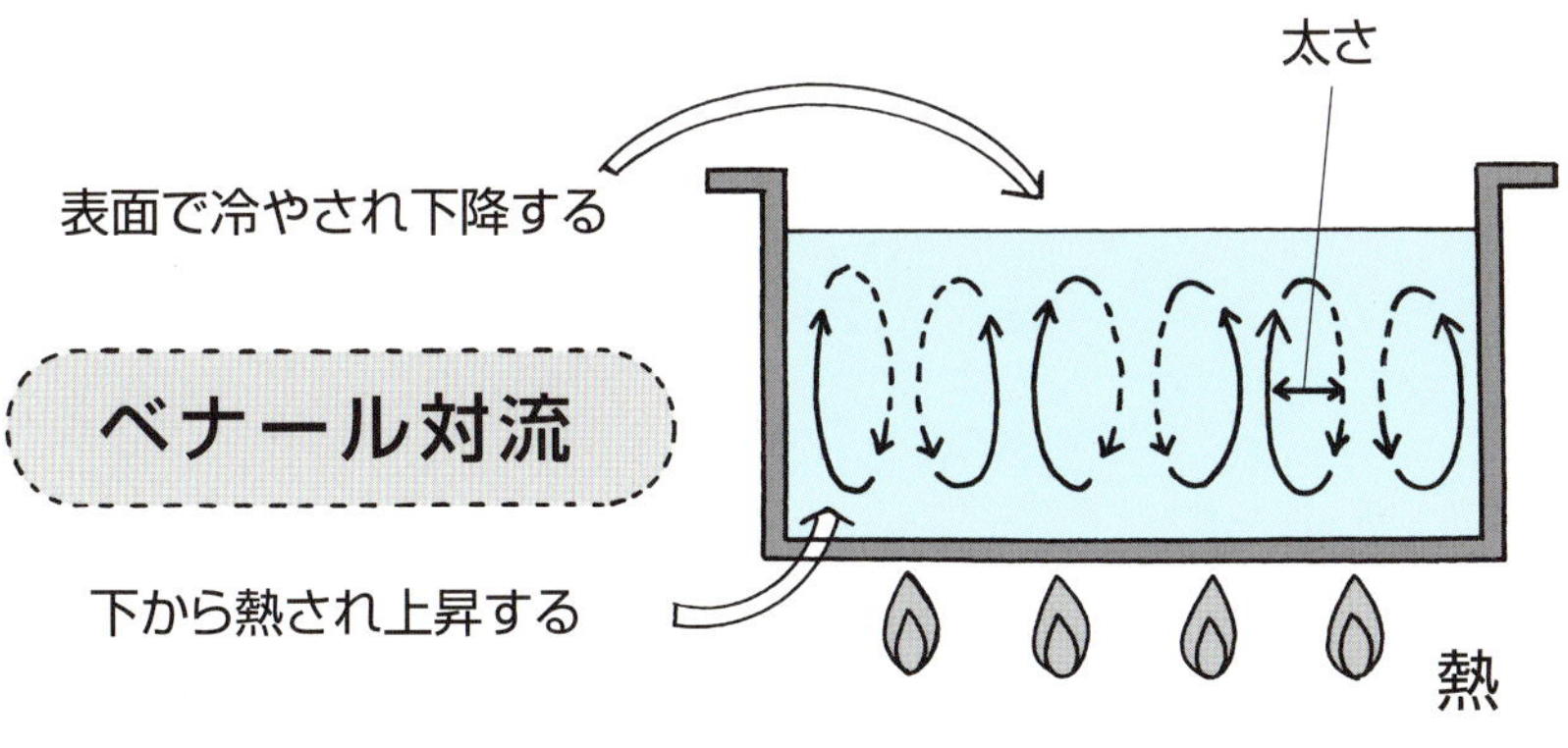

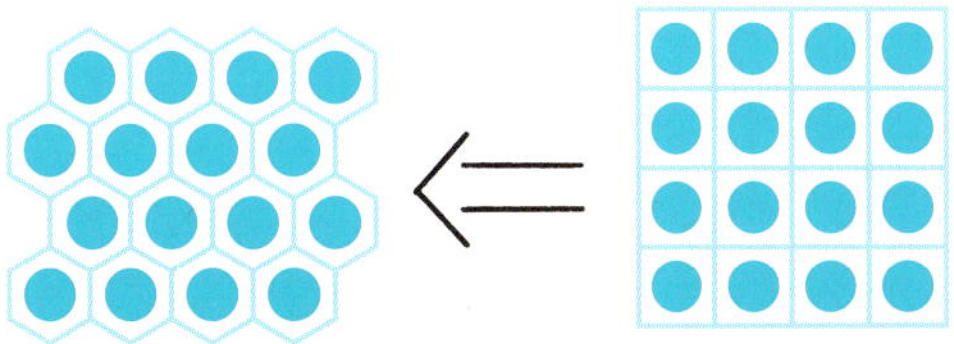

円形のモノがすき間なく並ぶと
境界が六角形となる並び方になる

第2部

リモコンはなぜ隣の機器を誤作動させないのか？

パルス信号の設定

家電製品協会のフォーマット

ニュージーランドは羊の数が人口の10倍もいる国として知られていますが、我が日本の国民1人当たりのリモコン保有数はどれくらいになるでしょうか。

テレビにもビデオにもエアコンにもついてきますし、トイレにだって温水便座用のリモコンが設置してあったりするのですから。

でも不思議なことに、こんなにリモコンだらけなのに、間違いなく目的の機械を動かすことができますね。どうして各々のリモコンは、近くの別の機器を間違って動かしてしまわないのでしょうか。

理由は、家電メーカーが加入する財団法人・家電製品協会のフォーマットでメーカーごとにコード番号が決まっていて、さらにメーカー内では製品ごとに重ならないように番号を管理しているからです。

2つのパターンで「0」と「1」

リモコンは赤外線のパルス信号を発生するしくみなのですが、昔の電信の「ツー・トトト……」に似たように、点滅信号のパターンで情報を伝えています。

具体的には、2つのパルスのパターンを決めておいて、1つを0、もう1つを1とします。例えば、0・5ミリ秒間点滅した後0・5ミリ秒間休止するパターンを「0」とし、0・5ミリ秒間点滅し、1・5ミリ秒間休止するパターンを「1」とするという具合です。

こうしておいて、2進法の8桁の数字で、「00010000」はA社、「01010000」はB社というように決め、さらにメーカー内で商品ごとに決めておけば、確実に目的の製品に指令が送れるのです。

電子レンジはなぜ食品を温めることができるのか？

電磁波が水分子を振動させる

電子レンジは本当に便利です。さてここで問題です。次のうち電子レンジでチンしたとき、一番温まりにくいのはどれでしょうか。

①ガラスの器に入った水
②ガラスの器に入ったサラダ油
③金属の器に入った水

電子レンジは、電波を使って食品に含まれる水分子を直接温めます。ですから、答えは③です。金属の器が電波を止めて、水のところまで届かなくするからです。

ではなぜ、電波で水分子を温めることができるのでしょうか。

しくみは、電子レンジの中にある電磁波を発生させる「マグネトロン」という装置で、周波数が2・45ギガヘルツというマイクロ波を発生させて、食品の中の水分子を振動させています。

そのとき、計算上、水分子は1秒間に24億5000万回も振動することになります。

特に水分子が振動する理由

水分子が電磁波で振動するのは、次のような理由です。

水分子は水素2つと酸素1つが結合していますが、水素原子がわずかにプラスに、酸素原子がわずかにマイナスに帯電しています。

そこに、激しく電場の向きが入れ替わる電波がやってくると、その電場に引っ張られて水分子も振動するのです（油脂も水ほどではありませんが振動します）。

熱の正体は、分子の振動そのものなので、水分子が温まり、まわりのもっと大きい分子にその熱が伝わるというわけです。水を蒸発させる効果もありますので、しけたお煎餅や海苔などの乾燥もできます。

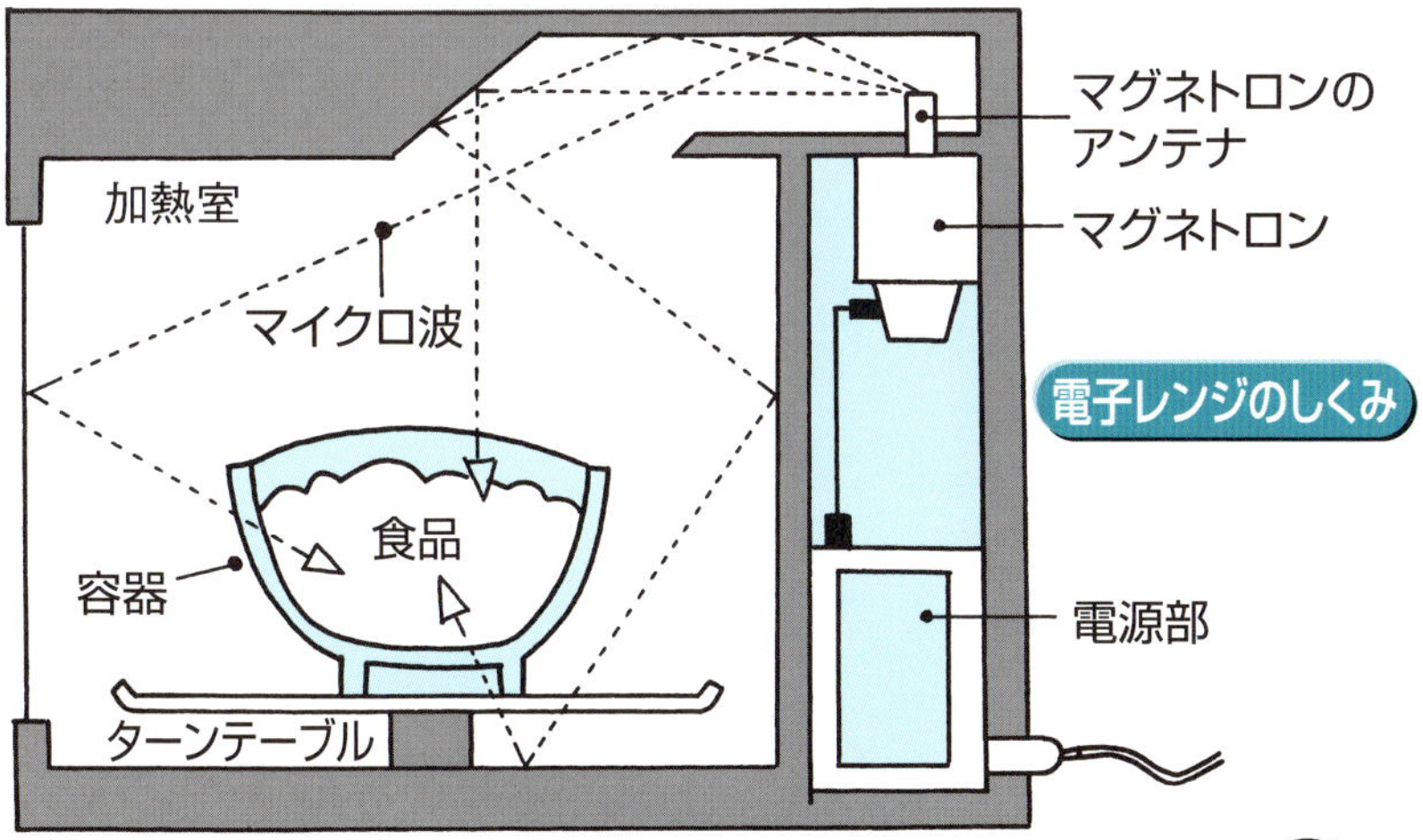

電子レンジのしくみ

マイクロ波の性質

マイクロ波による水分子の振動

IH調理器はなぜ熱くなるのか？

電磁誘導による摩擦熱

IHで鍋が熱くなるしくみ

見た目は平らなプレートだけで、手でさわっても熱くないのに（使ったあとは熱いので注意）、フライパンや鍋を熱することができるIH調理器。炎がないぶん安全です。いったい、そのしくみはどうなっているのでしょう？

原理は3段階です。

まずIH調理器で交流磁場を作り、そこに置いた鍋の底に電磁誘導でうず状の電流を発生させて、その摩擦熱（ジュール熱という）で鍋を温めるというものです。

もう少し詳しく見てみましょう

①まず、IH調理器のプレートの下には、コイルが設置されています。IH調理器ではコイルに「交流」電流を流します。交流は電気の流れる向きが交互に変化する電流なので、それに応じ、「右ねじの法則」に沿って、周期的にN極とS極の向きが入れ替わる交流磁場が発生します。

②次に、その上に金属の鍋を乗せると鍋底の金属の中に交流磁場が入り込みます。変化する磁界のまわりで電気が生じるのが電磁誘導ですので、強さと向きが変化し続ける交流磁場の作用で金属の中に電磁誘導が起こります。つまり、交流磁場の変化を妨げるように、鍋底の内部にうず状の電流が流れるのです。

③そして仕上げが熱の発生です。うず状の電流は、交流磁場の変化に応じて激しく向きを変えながら鍋底を流れ続けます。そのため、電子が金属イオンにぶつかってイオンをぶるぶる振動させ、ジュール熱が発生します。このように電磁誘導で生じさせた電流でモノを温める方法を、「誘導加熱」と呼びます。

英語ではInduction Heating。IHはこの頭文字です。

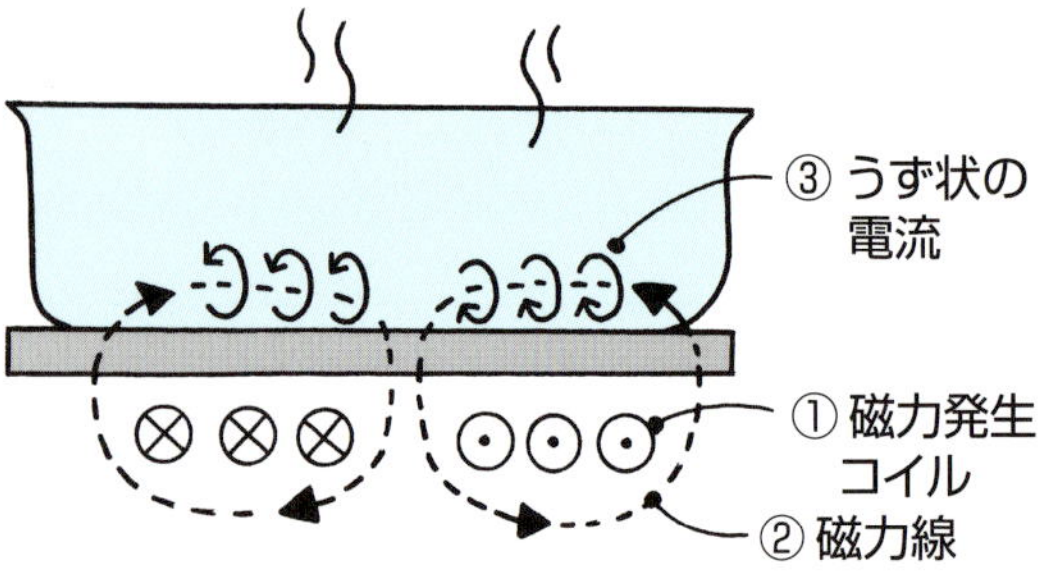

〈真横から見たある瞬間〉

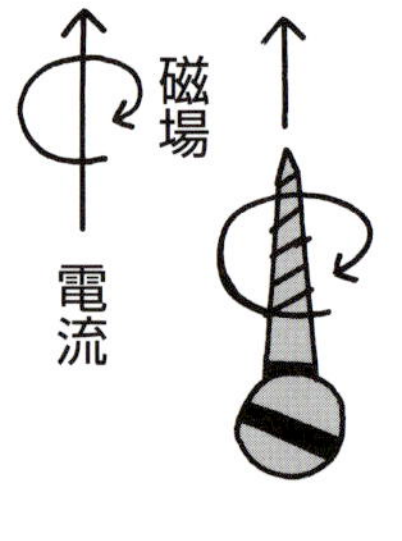

右ねじの法則

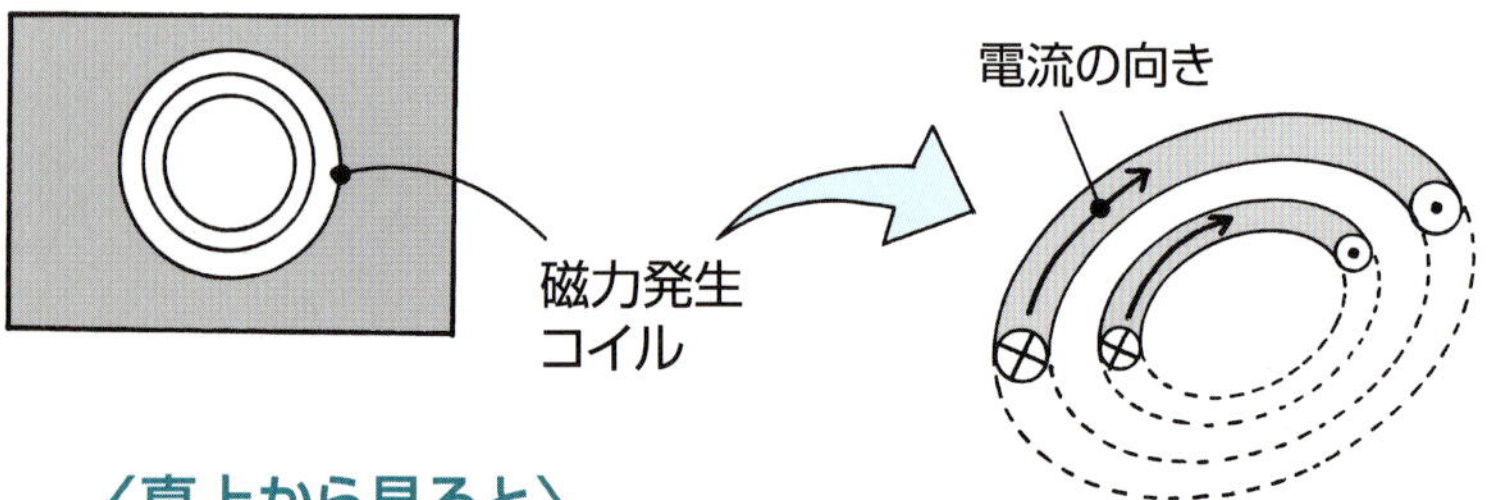

〈真上から見ると〉

静電気防止スプレーは、何を作用させているのか？

静電気が発生するしくみ

セーターを脱いだときなどに、バチバチとくる静電気は不快ですよね。

静電気は、乾燥した場所で素材の違うモノとモノがこすれあったときに起きます。

2つのモノがこすれあうと、電子が引きはがされ、一方がプラスに帯電し、もう一方がマイナスに帯電します。

すると、プラスとマイナスはお互いに引きあって、状態を元に戻そうとし、空気中を電子が飛んで放電が起きるのです。この放電が不快な静電気の正体です。

まとめると、

①2つのものがこすれあって、一方がプラスに、もう一方がマイナスに帯電する

②プラスとマイナスが引きあって、電子が飛ぶ（放電）

ということです。

静電気防止スプレーのしくみ

さて、衣類の静電気を防ぐための「静電気防止スプレー」はどういうしくみなのでしょうか。

静電気防止スプレーには「界面活性剤」が入っています。界面活性剤は水と油の結びつきを強くするので、洗剤によく使われているものですが、ここでは特に水とくっつきやすい性質を利用します。

服に吹きかけると、界面活性剤が空気中の水分子を吸い寄せて、服の表面に水の膜のようなものを作るのです。すると、水は電気を流しやすいですから、表面を電気が流れやすくなり、たまっていた静電気が除去できるというしくみです。

ただし、時間がたって界面活性剤が落ちるにつれて、効果がなくなります。

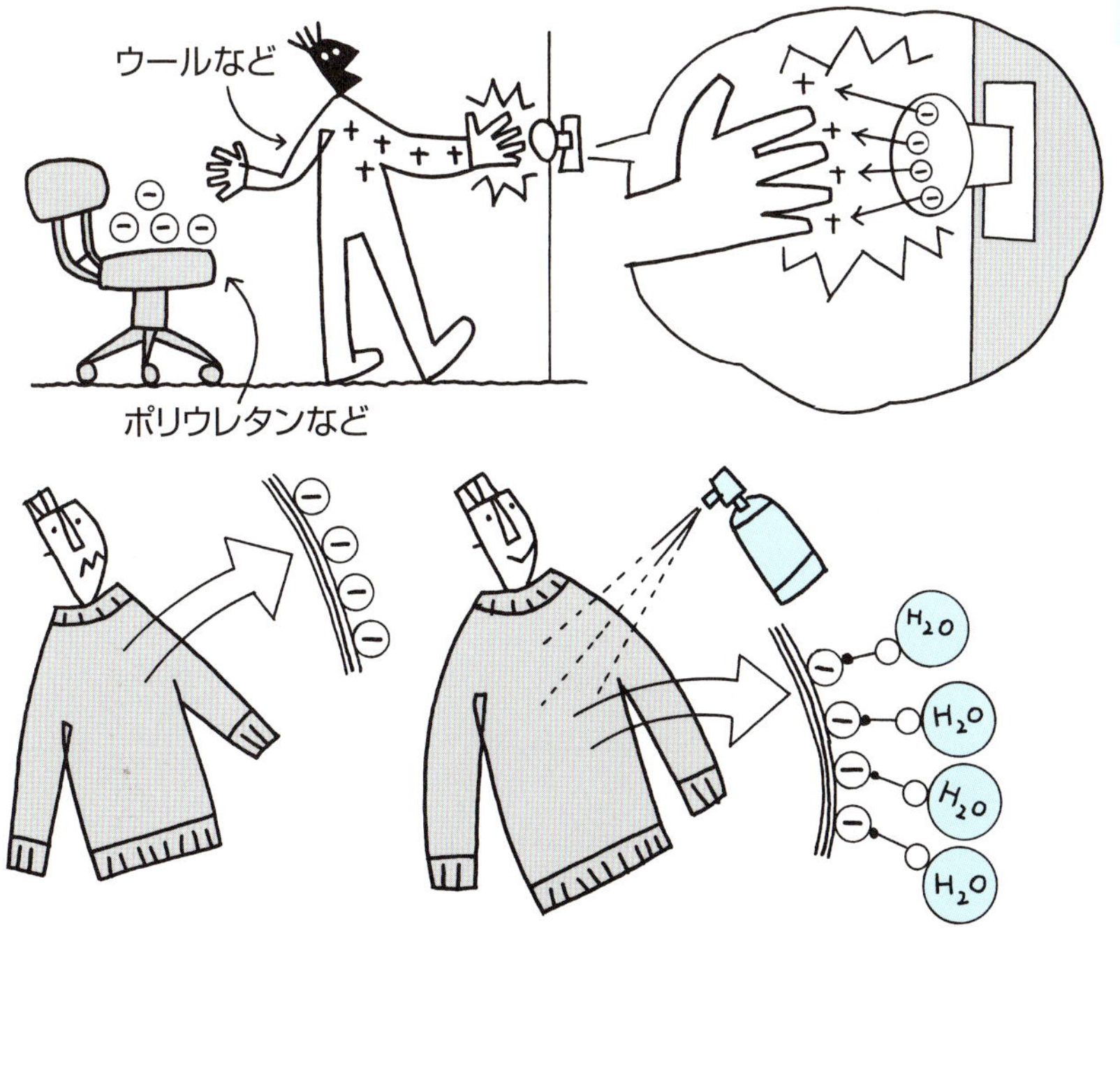

界面活性剤の効果

「水で焼くオーブン」とは、いったいどんなしくみなのか？

過熱水蒸気

水で焼く「過熱水蒸気」とは？

「水で焼く」から体にいい――。

このＣＭのフレーズは、何かのたとえ話ではなくて、本当に「水で焼く」オーブンなのだそうです。

水を沸騰させると１００℃の水蒸気が発生しますが、その水蒸気をさらに加熱し、高温の気体になった状態を「過熱水蒸気」と呼びます。

過熱水蒸気になると、モノから水分を奪う、つまり乾燥させる水蒸気という性質が出てくるというのです。

キッチンでもお風呂でも、私たちの身のまわりでは、水蒸気はすぐに湯気になって湿気の元になりますから、水蒸気が逆にモノを乾燥させるなんて、ちょっと変ですね。

ウォーターオーブンは急速加熱

ウォーターオーブンのしくみは、過熱水蒸気発生装置でオーブン庫内の食品に３００℃ぐらいの高温の過熱水蒸気を吹きつけます。

食品が乾燥するのは、過熱水蒸気が高温の気体だから分子の密度が低いため。食品の中から、その空間を埋めるように水が蒸発して過熱水蒸気中に移動するからです。

また、温度の低い食品近くでは、過熱水蒸気中の水蒸気がその表面で冷やされて水滴になり、そのときに、大量の熱を出します（打ち水で、水が蒸発するときに熱が奪われるのと逆）。この作用も手伝って、熱風オーブンの調理に比べて、急速に食品を熱することができるのです。

過熱水蒸気は、図のような装置で実験できます。銅管の出口に紙を近づけてみると茶色く焦げ、マッチを近づけると、火がつきます。ウォーターオーブンは、このパワーを利用したものなのです。

ウォーターオーブンのしくみ

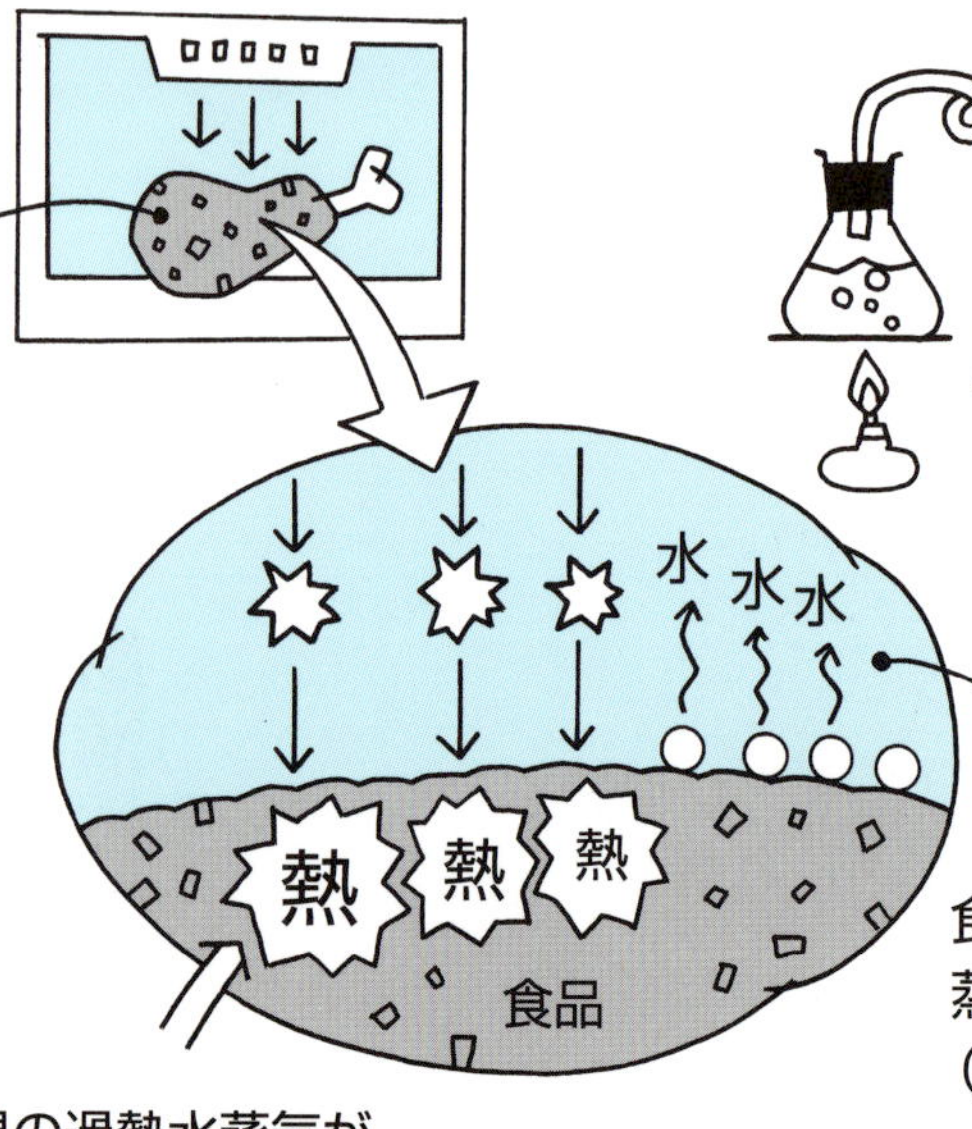
食品
食品の水がどんどん蒸発する（気化熱は小さい）

高温の過熱水蒸気が低温の食品に触れて水になるとき温度差が大きいので、**莫大な熱**を出す！

過熱水蒸気の作り方

味が落ちないという電磁冷凍技術は、何が新しいのか？

氷点下20℃で一気に凍らせる？

味にうるさいお寿司愛好家、そして未来の全人類に朗報です。

長期冷凍しても、ほとんど生と違いがわからないくらいすごい冷凍技術、CASが話題を呼んでいます。目指したのは、凍結のときに食品の細胞膜を壊さないことです。

細胞膜を壊してしまうと、細胞内の水分がうま味成分といっしょに出てしまい、まずくなるからです。

何だ、と思うかもしれませんが、今までの冷風を素材に吹きかける方法では、食品の外側と内側の温度差ができて水が移動し、細胞膜を壊してしまっていたのです。

そこで考えられたのが、磁場をかけながら、凍らせずに食品の温度を下げていって、氷点下20℃以下で細胞全体を一気に冷凍する方法です。

あれ？ 水は0℃で固体になるはずなのに、氷点下20℃まで凍らないというのはなぜでしょう。

答えは「過冷却状態」です。

過冷却とは、物質が凝固点以下でも液体のままでいる現象です。家庭でも水をゆっくり冷やすと、氷点下12℃ぐらいまで凍らずに液体のままでいて、少しでも揺らしたりすると一瞬で凍ることを、氷と塩で精製水を冷やす実験で確認できます。

難点はこのように不安定なこと。ところが最近、電場や磁場をかけて水分子を振動させると、過冷却が安定することがわかってきたのです。それで、好きな温度で一気に凍らせることが可能になったというわけ。

もしかして「冷凍人間」も可能？と思ったあなた。解凍後に魚が命を吹き返すわけではありませんよ。

しかし、この技術を応用した、血液保存や再生医療のための臓器保存の研究が進められています。

CAS＝Cells Alive System

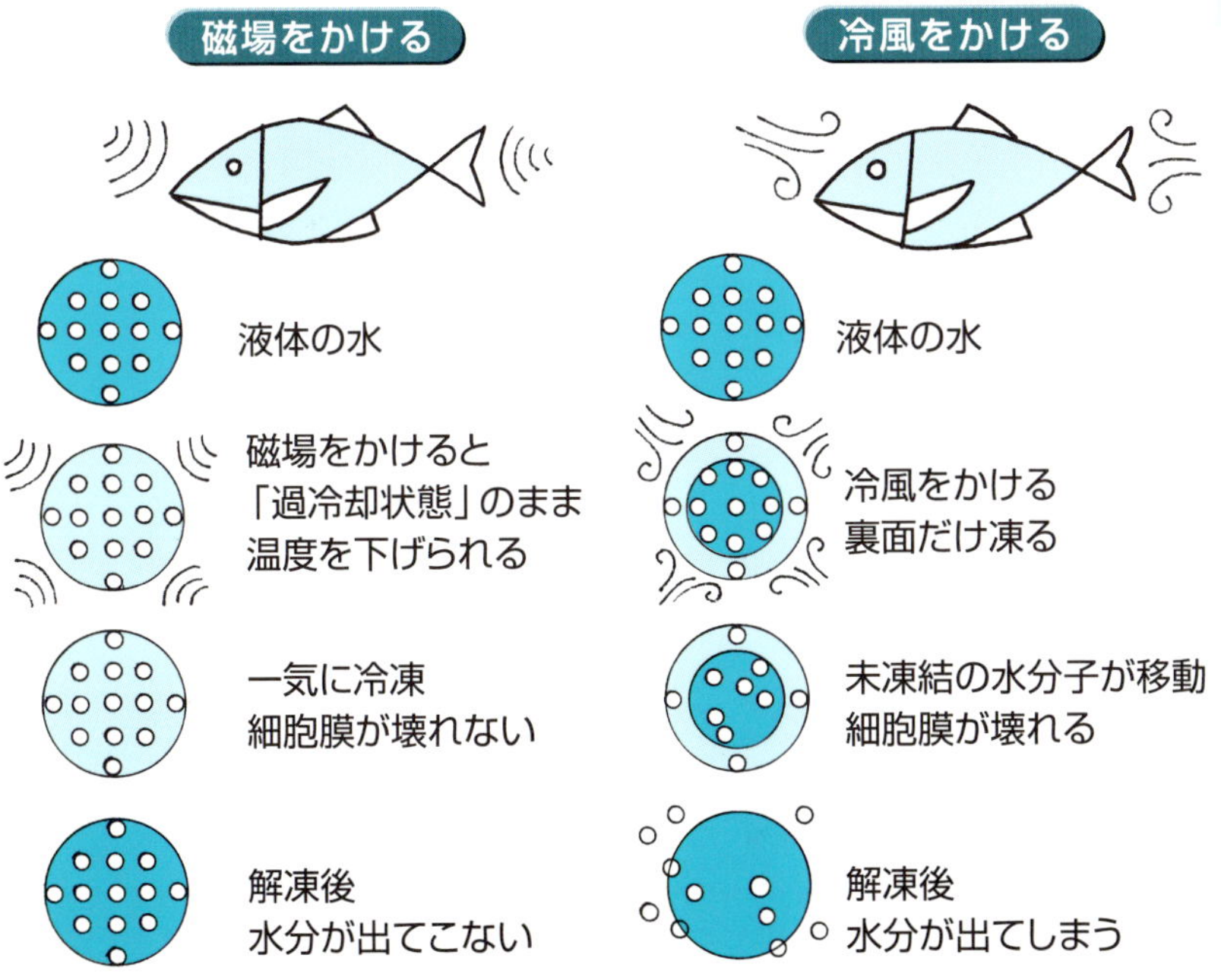

過冷却

物理な Column 2

事故でもないのに交通渋滞が起きる理由

渋滞の先頭には何がある?

高速道路などを走っているときに、ラジオの交通情報で「30キロ先、交通集中のため、10キロ渋滞しています」って聞くと、「あー、また渋滞かあ、まったく、先頭の人の顔が見てみたいもんだ」なんてイライラしてきます。

で、その渋滞に近づくと、本当に車の数が増えてきて、スピードが落ち、しまいに止まってしまいます。

ですが、交通集中のため、といっていただけあって、そこで事故が起きているわけでもなんでもなくて、なぜか渋滞してしまうのです。

実は物理学者で、この渋滞問題に興味をもった人がいて、ちゃんと物理で説明がつきそうなことがわかってきたのです。

方法は、車の流れをコンピュータ・シミュレーションすることです。

世の中にはゆっくり走りたい人も速く走りたい人もいますので、スピードを出そうとする車やのろのろと走る車の両方を想定します。

また、前の車に近づいたら、ぶつからないために必ずブレーキを踏むというルールにします。

またアクセルやブレーキは必ず的確に制御されているわけではなく、無意味に踏んでしまうような〝遊び〟も想定します。実際に私たちは運転中に、無意味にアクセルやブレーキを踏んでしまうものですから。

以上のような簡単なルールを運転手の行動パターンとして設定して、計算機にかけます。

すると、最初、一定間隔に停車させた車を一斉に発進させたはずなのに、走っているうちにいくつかの集団に分かれて団子のようになり、その団子の位置がゆらいだりして実際の車の流れ方をよく再現することがわかりました。

また、車の数が多い場合には、次第にスピードが落ちて、ついには止まってしまい、しばらくするとまた走り出します。

これはまさに「交通集中による渋滞」の再現です。

また、渋滞で止まってしまう団子のかたまりが、しだいにうしろのほうに伝播していく様子が見られます。

実際の渋滞でもそうなのかどうかは調べてみなければわかりませんが、もしそうだとすれば、渋滞の先頭というのは「あるようでないもの」で、誰に腹を立ててもしかたがないのかもしれません。

集団になると無機的になる?

それにしても、1人1人の行動は、個人の自由な意思によって決まるのに、このように集団になると、簡単なルールを作っただけで、無機的にコンピュータで現象が再現できてしまうというのは面白いものです。

このようなことは、街を歩く人の密度や、平均の速度（大阪より東京がせかせかしているとか?）などにも当てはまります。

例えば牛乳を白くしている元の粒（コロイド粒子）の密度を表す公式をそのまま使っても、街ゆく人の密度や、平均速度をうまく表すことができるとわかっているのです。

第3部

自然現象の疑問は、物理がすべて解決してくれる

宇宙遊泳している宇宙飛行士は、なぜ地球に落ちないのか？

遠心力と重力のつりあい

遠心力と重力がつりあっている

２００５年8月、老朽化したスペースシャトル「ディスカバリー」に乗って、損傷した機体の一部を補修するなどの素晴らしい活躍を見せた宇宙飛行士の野口聡一さんは、国際宇宙ステーション滞在中に、宇宙遊泳の感想を次のように表現しました。

「無重力に慣れると、自分が星になって地球を回っているような感覚になります」

宇宙で人やモノがプカプカと宙を漂っている映像はおなじみですが、よく考えると、地上にいる私たちは、いつも地球の重力に縛られていて、空を飛ぶ鳥でさえ、羽ばたくのをやめればすぐに地面に落下してしまいます。でも、宇宙では、スペースシャトルの中や外で浮いていられるのは、少し不思議な気がしませんか。

その理由は、スペースシャトルが時速2万８０００キロの猛スピードで地球のまわりを回っているからです。

回転するものには必ず外向きに遠心力が働きます。でも、宇宙船では、地球から離れようとする遠心力と、地球に落とそうとする重力とがつりあった条件になっているのです。

水を入れたバケツをゆっくりと逆さまにすれば水がこぼれますが、思い切りよくぐるぐる回せば、こぼれません。これと同じです。

人工衛星の最期

人工衛星も同じ理由で落ちてきませんが、老朽化して姿勢制御ができなくなると、大気の抵抗のため、軌道や回転速度を保てず、遠心力と重力とのつりあいがくずれ、重力が勝ってやがては落ちてきます。最後には大気圏で大気との摩擦で燃え尽き、寿命を終えるのです。

バケツの中の水

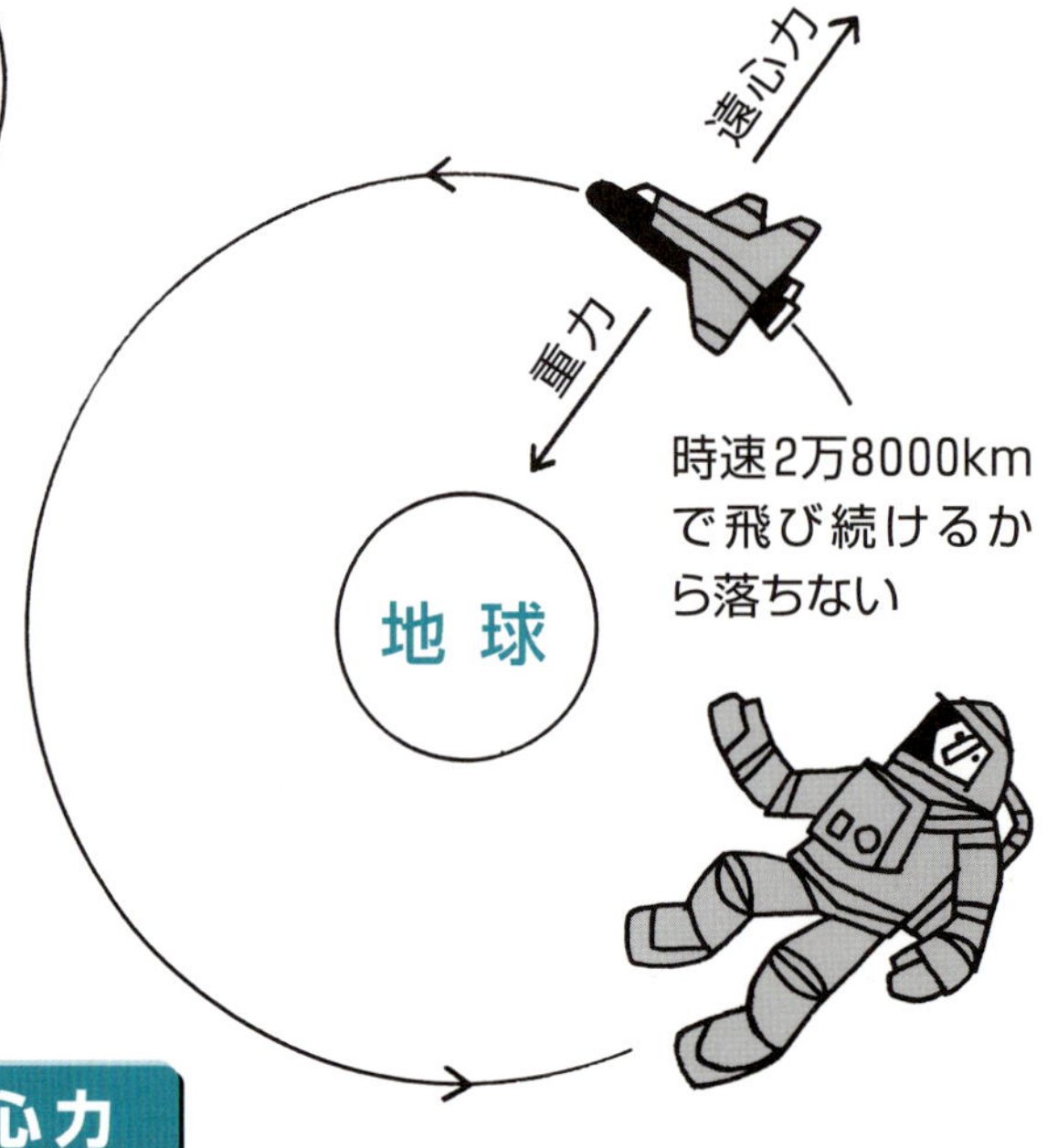

重力＝遠心力

エレベーターが止まるときと動くときの「妙な感じ」は何が原因か？

慣性の法則

急な動きにはついていけない

満員の通勤電車で、急に電車が動き出すと体はうしろに倒れ、急停車すると前のめりに倒れます。

これはよく知られている「慣性の法則」です。動いているものはその速度で動き続け、止まっているものは止まり続けようとするわけです。人に限らず、質量があるものすべてに当てはまります。しかも、その度合いは、質量が大きければそれに応じて大きくなります。

胃が動くと気持ちが悪い

さて、本題のエレベーターの「妙な感じ」について考えてみましょう。

エレベーターが動いたり止まったりするとき、周波数が一定の「交流」モーターの弱点で、小刻みに加速度が変わってしまいます。

しかし体は、その急な動きについていけません。その最たるものが、体の中で多少動ける胃で、ぐらぐら動く格好になり、その結果、独特の気持ち悪さが起きるのです。

ところで、最近はこのように気持ち悪くなるエレベーターにあまり出くわさないと思いませんか？

実は、最近はエレベーターを動かすモーターが「VVVFインバータ制御」という方式になっていて、交流モーターにもかかわらず、細かく速度調整できるようになったのです。これによって、なめらかに加速と減速を行っています。

ちなみに、10階建て程度のエレベーターの速度は時速3～4キロメートルだそうですが、台北にある世界最高層ビル（508メートル）用エレベーターは最高時速60キロメートルで、ギネスブックに登録されているそうです。安定して加速・減速できて、可能になったエレベーターです。

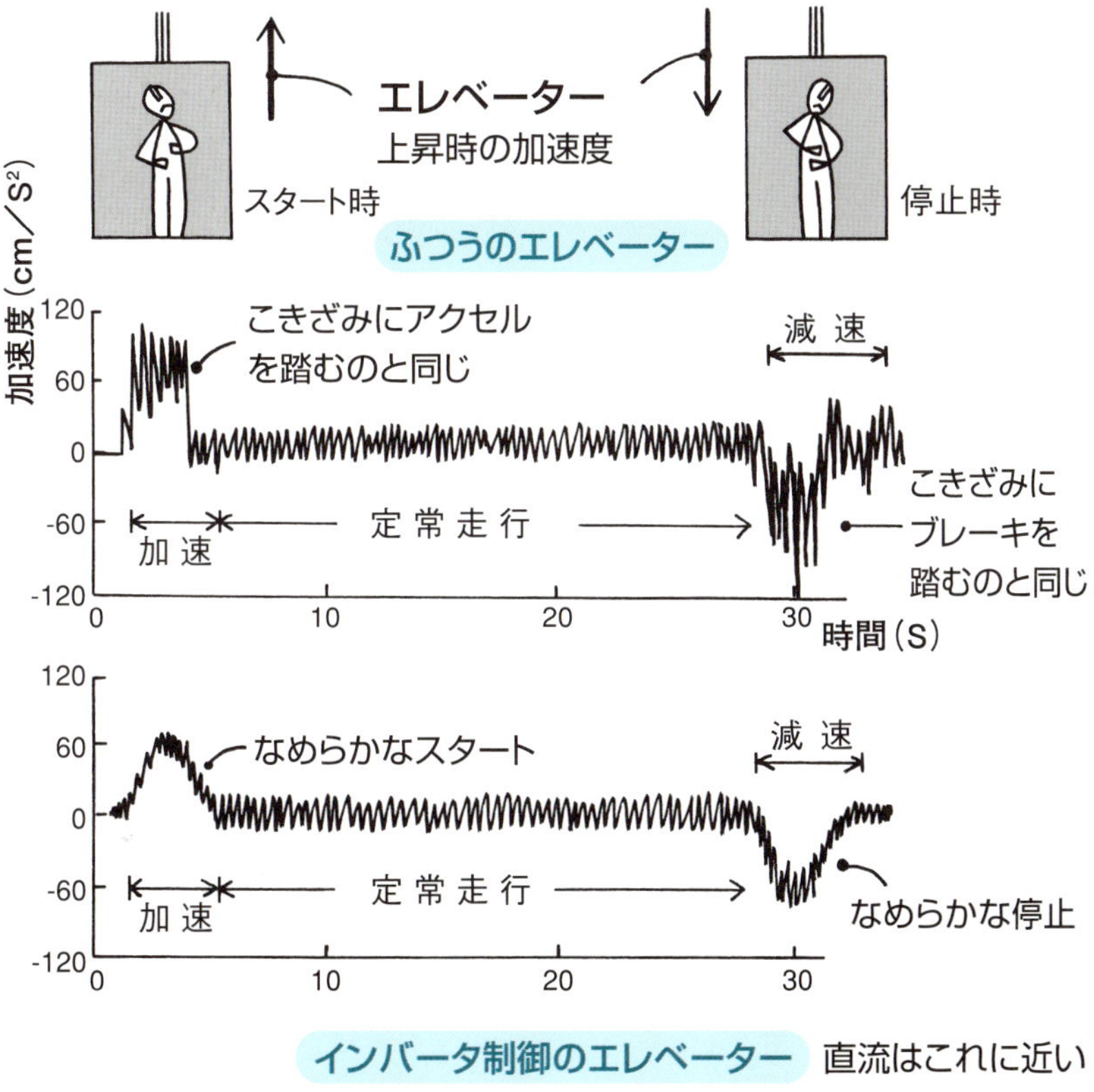

ノミは身長の100倍跳べるのに、なぜ人間は跳べないのか？

体の大きさと跳べる高さの関係

ノミは並外れた能力のもち主？

ノミは、体長の100倍にあたる30センチメートルも跳ぶことができるそうです。これを人間に当てはめてみると、ビルの地上50階ぐらいの高さになります。

もし人間にこれくらいのジャンプ力があったら、スパイダーマンも真っ青です。

また、サバンナにノミ級のジャンプ力をもつ大型哺《ほ》乳類がいたら、大繁栄しそうなのに見当たりません。

では、なぜノミにはこんなにジャンプ力があって、人間や大きな動物にはないのでしょうか。少し数式を使って考えてみましょう。

動物のジャンプ力を表す式

体重mの動物がジャンプをするとき（立ち高跳びで考えます）に、力Fを出して高さdまで体を移動させた結果、高さhまで到達して落ちてくるとします。

すると、動物がジャンプするために筋肉がした仕事は、

F×d……①

です。

その動物は高さhまで跳んで、そこで速度0となって落ちてくるのですから、そのときのエネルギーは位置エネルギーだけですので、

m×g×h……②

となります。gは重力加速度です。

ここで、筋肉がした仕事①が、②のエネルギーに変換されたのですから、①と②は等号で結ばれ、

F×d＝m×g×h……③

となります。

③式を変形させると、

h＝F×d／（m×g）……④

となります。これが、動物の種類を問わず、任意の動物のジャンプ力を表した式です。

どんな動物も飛べる高さはほぼ同じ

この式について考えてみましょう。

まず筋肉の力Fについてですが、筋肉は、筋肉繊維という細長い細胞の束でできていて、1本の筋肉繊維の出せる力は、どの動物でもほぼ一定であることがわかっています。つまり、筋肉の力は筋肉全体の体積に比例するのではなく、断面積に比例するのです。ですので、動物の体長をLとすると、

FはLの2乗に比例する……⑤

ということになります。

次に、力を出して初めに移動する高さdは、およそ動物の足の長さに比例すると考えられますので

dはLに比例する……⑥

ということがいえます。

最後に、動物の体重mは、ほぼ体積に比例すると考えられますから、

mはLの3乗に比例する……⑦

ということがいえます。

⑤、⑥、⑦をもとにして④をもう一度眺めてみると、高さhは、

L^2×（L／L^3）＝1

に比例する、ということになります。

これが意味するのは、「どんな動物でも跳べる高さはほぼ同じ」ということです。

つまり、もし人間がノミみたいに小さくなったとしたら、30センチぐらいは跳べるし、逆にノミが人間ぐらいの大きさになっても、やはり地面から30センチぐらいしか跳べないでしょう、ということです。

とはいえ、動物界を見回してみると、ほとんどはジャンプ力が数十センチのケタからはずれていないようですが、ネコ科の動物など、数メートルもジャンプできる動物がいます。

そういう動物のジャンプ力はまさに「並外れて」いるのですね。

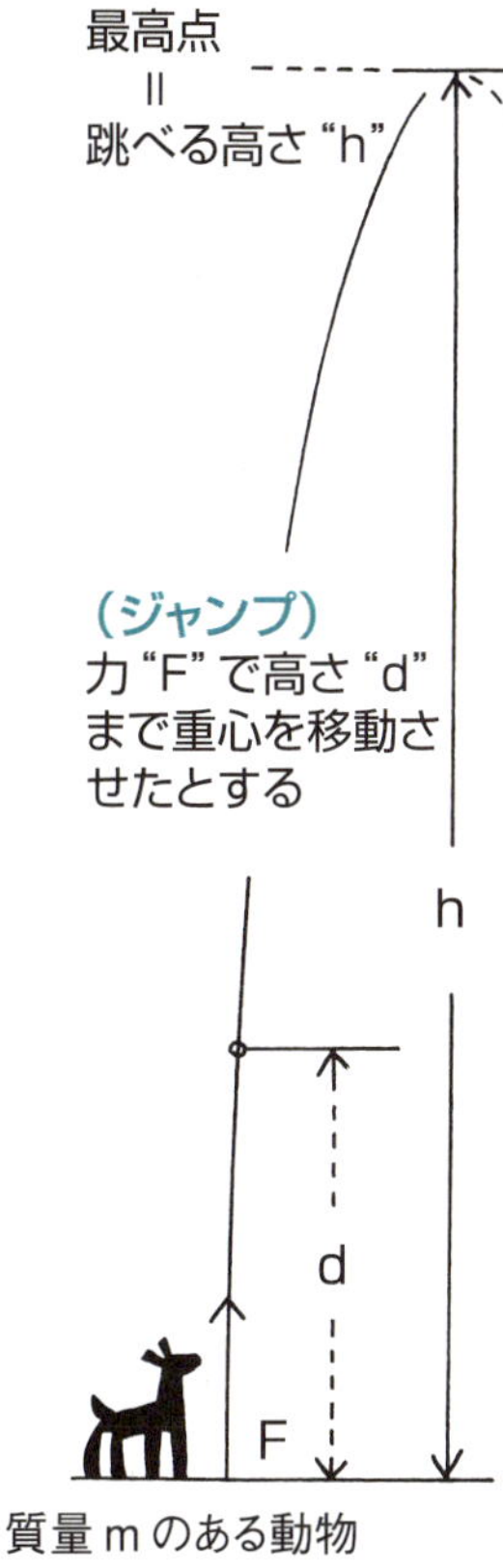

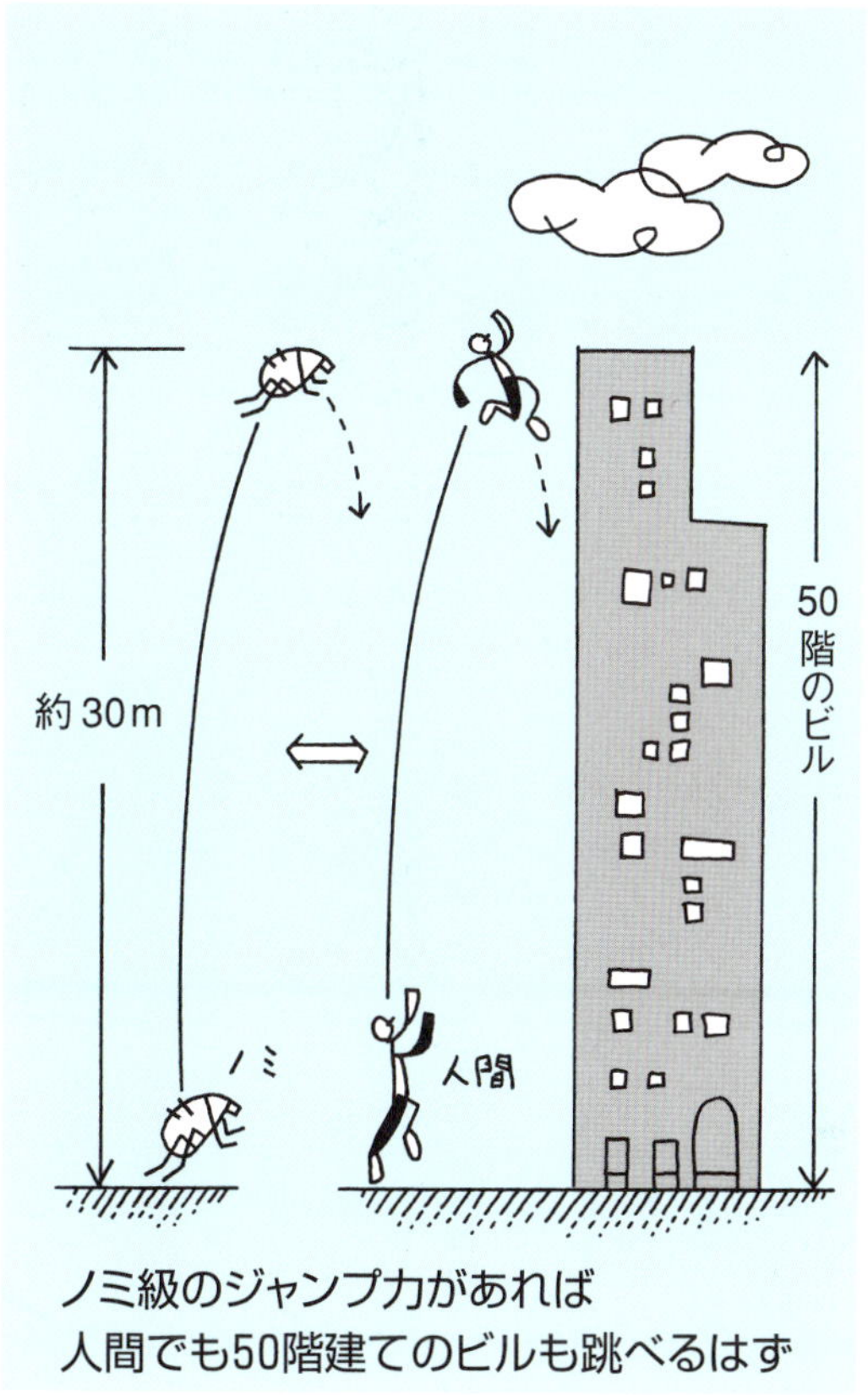

$$h = \frac{Fd}{mg}$$

ここで
この動物の
体長を L とすると

$m \propto L^3$ （mは体積に比例）　$F \propto L^2$ （Fは筋肉の断面積に比例）　$d \propto L$ （dは足の長さに比例）

したがって　$h \propto \frac{L^2 \times L}{L^3} = 1$ （Lに無関係）

結 論	**動物が大きいほど高く跳べるとはかぎらない。 ノミも人間も30cmぐらいしか跳べない。**

流れる水や風に共通した、ある性質とは何か？

トリチェリの法則
ベルヌーイの法則

流体のエネルギー

流体の性質を2つ紹介しましょう。円筒に水が入っていて、水面までの高さを4等分するところに、穴が3つ開いていると、出てくる水は不思議なことに図のようになります。

流体のエネルギーで考えてみます。穴から出てくる水の勢いは、穴の出口で水がもつ運動エネルギーに比例します。この場合、運動エネルギーは、水が水面から穴の高さまで降りるときに失う位置エネルギーに等しいのです。これを「トリチェリの法則」といいます。つまり低い位置にある穴ほど勢いよく水が出ます。

では低いほど遠くに飛ぶかというと、低いと地面までの距離が短く、水の飛ぶ時間が短いので、遠くまで到達せず、結局円筒の高さのちょうど半分の場所の穴から出る水がもっとも遠くまで飛ぶことになります。

流体の速度が速いと圧力が下がる

これを一般化した法則に、「ベルヌーイの法則」があります。流れる流体では位置エネルギー、圧力のエネルギー、運動エネルギーの合計の大きさが同じになるという法則です。

空のアルミ缶を2つ、少しすきまを作って立てて、その間に息を吹き込んでみましょう。缶は予想に反して内側に倒れます。缶のすきまを通る流れが速く、その分、圧力が減ったため、内側に倒れたのです。

別の例が、水を出しているホースの途中をつぶしたときの現象です。

ホースをつぶしたところでは、流速が速くなった分だけ、圧力が減ります（位置エネルギーは一定です）。気圧が下がれば水分子が動きやすくなるため、水の沸点が下がり、気化して泡ができます。（このような気化をキャビテーションと呼びます）。

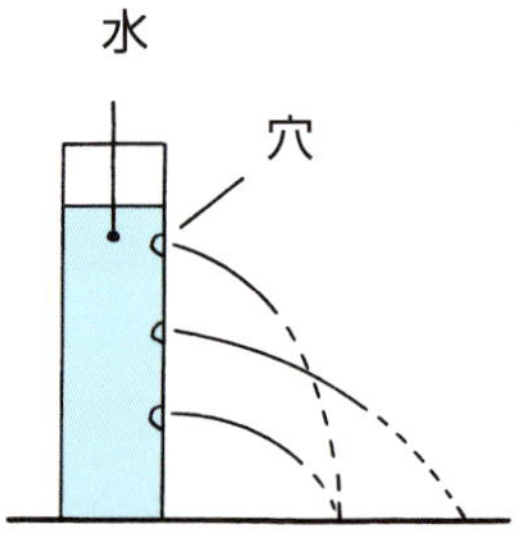

（ベルヌーイの法則）

圧力エネルギー
＋
位置エネルギー
＋
運動エネルギー
＝
一定

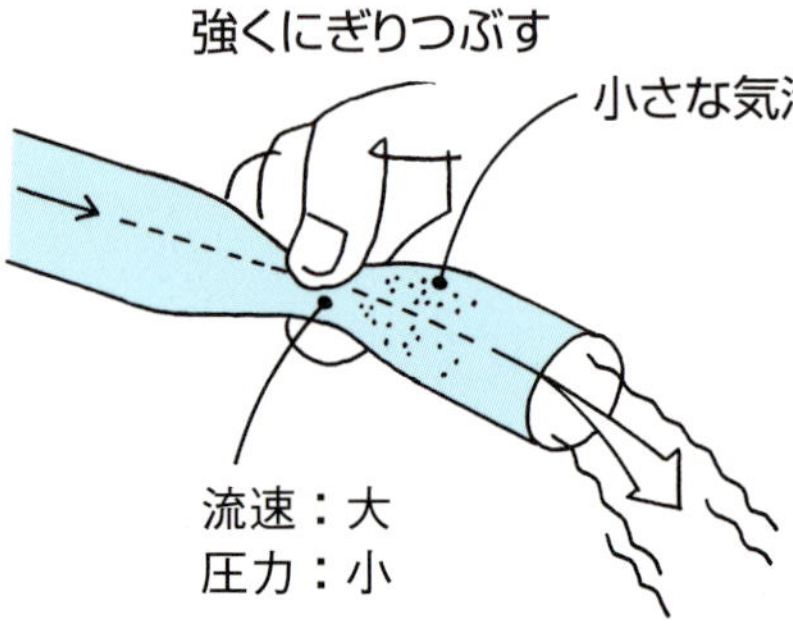

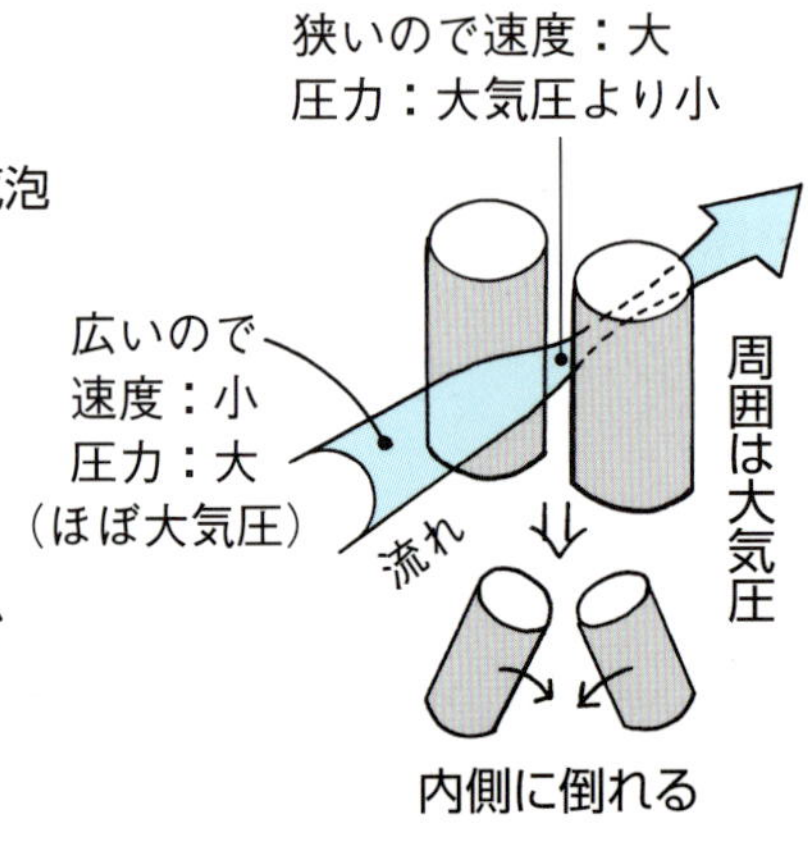

なぜ深海魚は水圧でつぶれないのか？

体の内側と外側の圧力のつりあい

へんな生き物は深海に多い

巨大な頭にアンバランスな小さな尾をもつ魚や、ヒレから変形した「足」で海底にじっと立つ魚などを、深海の映像で一度は見たことがある人もいるでしょう。

深海の環境は、地上にいる私たちからはちょっと想像しにくいですが、その最たるものが圧力です。

水深が10メートル深くなると水圧は1気圧増えます。ですので、水深1000メートルでは100気圧です。

つまり、親指の先に100キログラムのモノが乗っているのと同じ水圧なのです。

数年前、世界最深のマリアナ海溝でナマコが目撃されましたが、魚は水深8000メートルぐらいまで住んでいるようです。そう考えると、生物はどうやってその水圧に耐えているのか不思議ですね。

ウキブクロの秘密

答えは、体内に「空洞」がなければいいのです。浮き輪に空気を入れて、無理やり深海にもっていけばつぶれますが、空気ではなく水や油が入っていればつぶれません。要は、体の内側と外側の圧力がつりあえばいいのです。

でも、魚にはウキブクロがありますよね？ ウキブクロがあるから、空気の量を調整して浮いたり沈んだりできるはずです。

実は、深海の魚はウキブクロをもたない種類もいますし、ウキブクロをもっている場合でも、空気ではなくて脂肪が入っているのです。

確かに水よりも軽いもの、つまり水より比重が軽ければ、空気でなくてもウキブクロの役目は立派にはたすのです。

深海魚の場合、ウキブクロがなかったり、脂肪が入っていたりする

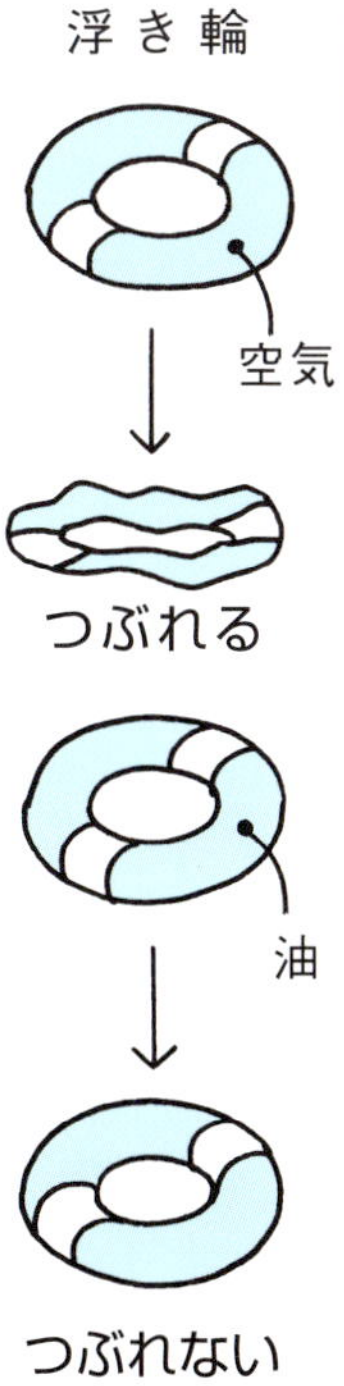

潜水調査船はなぜ沈んだり浮かんだりすることができるのか？

重さと浮力の調整

船体を重くして沈み、軽くして浮く

大きな水圧で人類の潜入をはばんできた深海。有人で探査するための潜水調査船は、どのように深海に到達し、活動するのでしょうか。「しんかい6500」で紹介しましょう。

母船「潜入せよ」

パイロット「ベント、開《かい》」

このような短いやりとりのあと、潜水調査船「しんかい6500」は静かに海に潜り始めます。

宇宙への華々しい旅立ちと対照的に、深海への船出は、何の動力も使わずに自重で潜るシンプルなしくみです。

最初に十分な重さのバラスト（重り）を積んでおいて、魚のウキブクロのようなバラストタンクに注水して潜航を開始します。パイロットが「ベント」といっているのが、バラストタンクの栓のことです。栓をあけ、水を入れて浮力を減らして潜航するのです。

海底に近くなったらバラスト（バラストは酸化鉄の板です）のうち半分だけを捨てて、重さと浮力をつりあわせて停止します。補助タンクの水の量を調整し、船体を少し浮き気味にして海底活動をします。

電池の動力で海底を調査したあと、上昇のときにはバラストをすべて捨てて浮かび上がります。

このとき、重い船体にもかかわらず、船が浮かび上がれるのは「浮力材」のおかげです。微小な中空ガラス球を合成樹脂で固めたバイナリー・シンタクチック・フォームという特殊な浮力材で、1万3000メートルの水圧にまで耐えられる材料です。

このように、船体を重くして沈み、軽くして浮く方法は、潜水船に共通で、シンプルなだけに安全です。

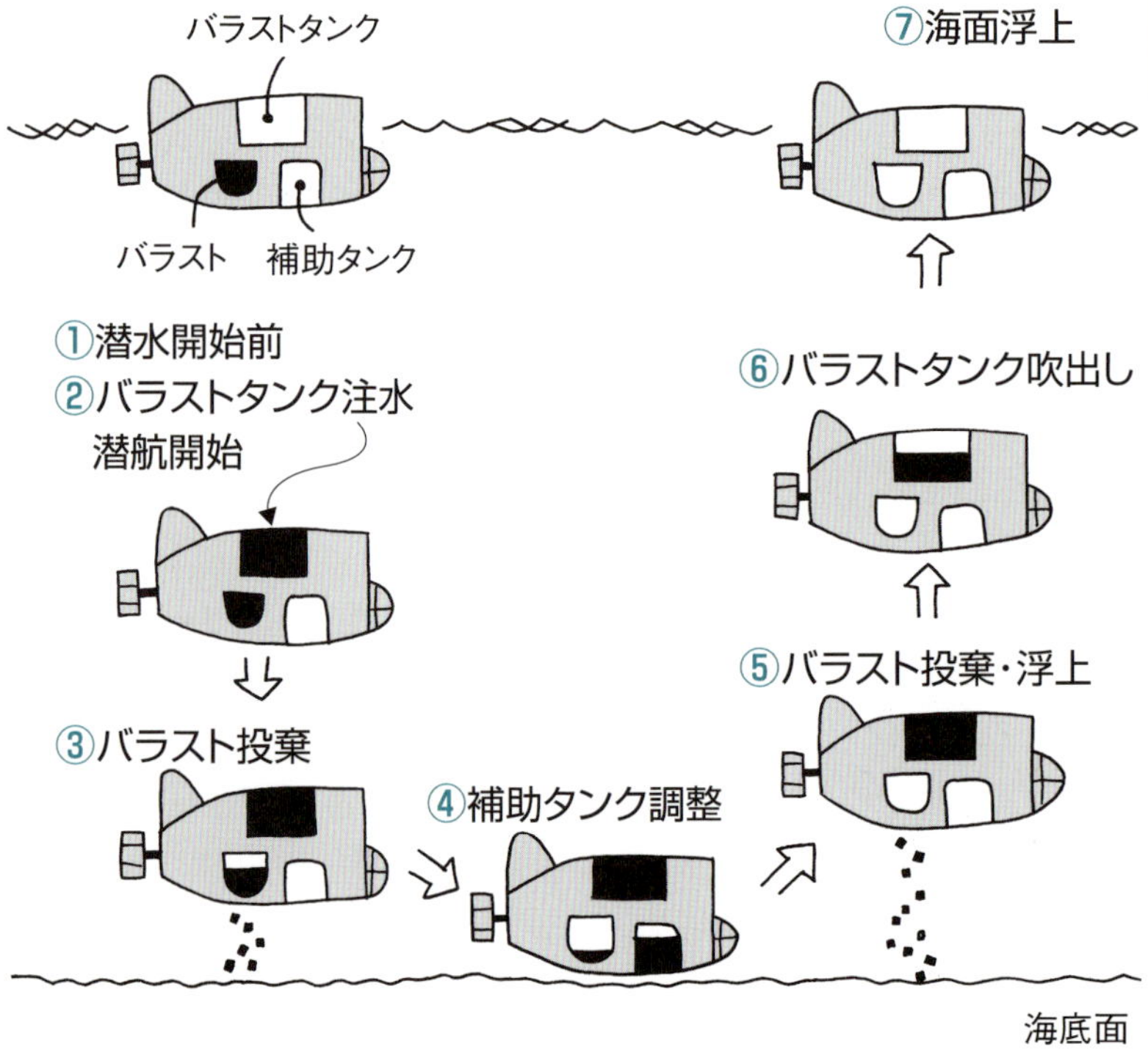

地平線近くの月が大きく見えるのは、距離が近づいているのか？

目の錯覚

5円玉の穴から月を見る

地平線（水平線）近くに月や太陽があるとき、大きく見えるという経験は誰にでもあるのではないでしょうか。

では、実際のところ、月が地平線近くにあるときと、頭上にあるときとで、どれくらい大きさに違いがあるのか、測ってみましょう。

5円玉の穴を使えば簡単です。5円玉を手にもって、腕をいっぱいに伸ばし、穴から月をのぞくようにしてみましょう。すると、どうでしょう？

予想に反して、月がどの高さにあるときでも、ちょうど穴の大きさにすっぽりおさまるくらいに見えると思います（※太陽の場合は、直接見ることは危険ですから、実験しないでください）。

この実験結果から、実は、月や太陽は、実際には空のどこにあっても、いつもほぼ同じ大きさだということがわかります。当たり前といえば当たり前でしょうか。地平線の月が大きいのは、そう感じていただけなのです。

大きく見えるのは目の錯覚？

では、なぜ月や太陽が地平線（水平線）近くにあるときに、特に大きく感じるのでしょうか。

理由は、目の錯覚によるものといわれています。ただ、なぜこのような錯覚が起こるのかについて、まだはっきりとした説明はついていません。

地平線近くに月があるときは、月の近くに建物や山などの景色が見えて、それと比較できるから、大きさの感じ方が大きくなるのではないか、という説をとなえる人もいるようです。

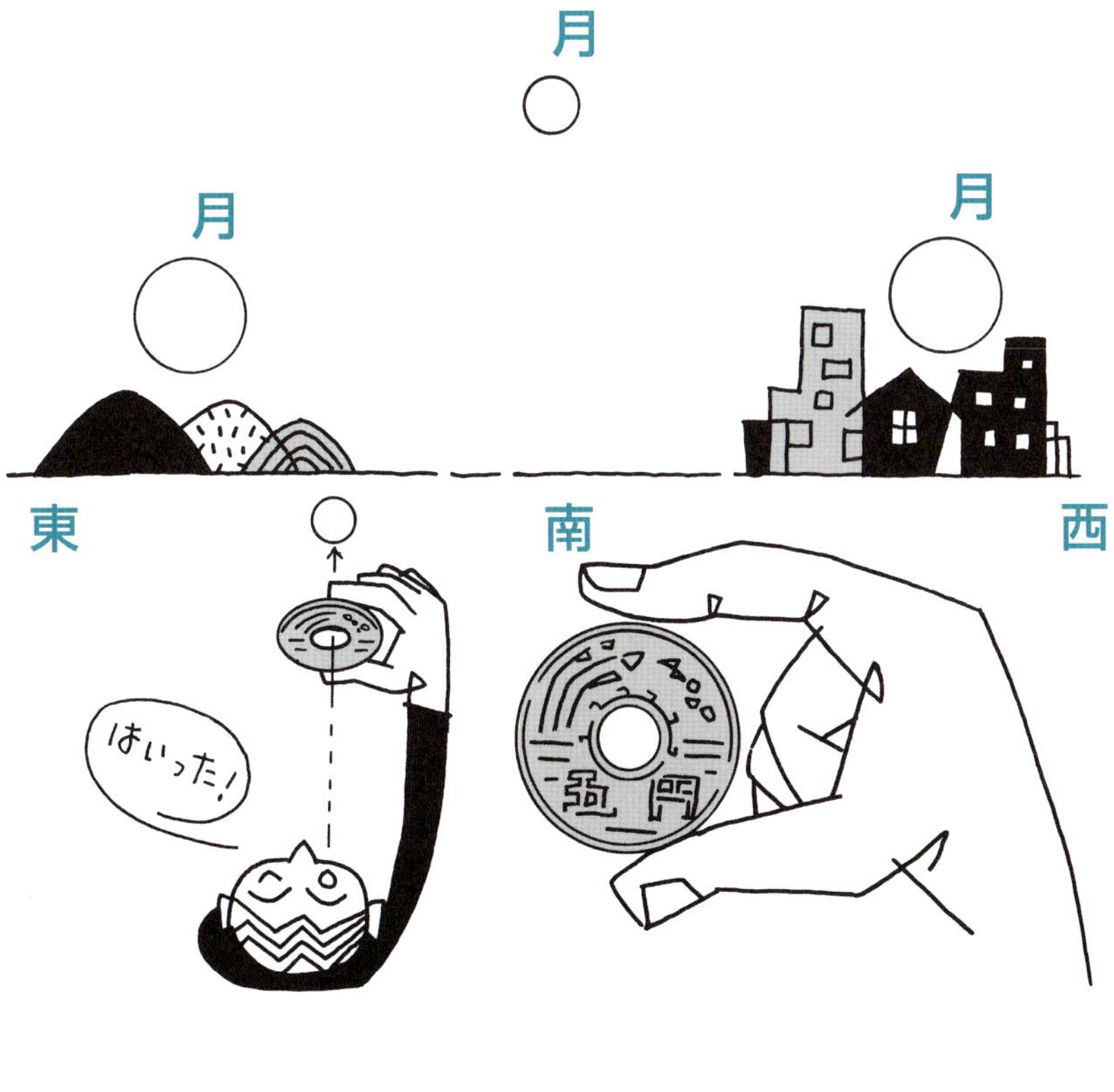

虹のたもとに、どうしてたどり着けないのか?

光の屈折

虹の橋のたもとに行ってみたい?

雨上がりの空に大きな虹を見つけると、幸せな気分になりますね。

「虹の橋のたもとを見たいから、もっとスピードを出そう……」

などと思って、自転車のペダルを思いきりこいでも、どこまでいっても虹に近づけなかった、そんな経験はありませんか。そう、虹はいつも見ている人から離れたまま、真正面の姿しか見せないのです。

なぜでしょう?

虹は、太陽光が空気中の雨粒に当たったとき、雨粒がプリズムの役割をはたして、光の色を分けることで起きます。そのため、特に雨上がりに現れるのです。

もともと太陽光というのは赤~黄~緑~紫の波長が混じって透明に見えている光なのですが、雨粒に当たると、赤色は入ってくる光に対して42・18度の角度で反射し、紫は40・36度の角度で反射する、というように色によって雨粒から出ていく角度が微妙に違うのです。

ですから、たくさんの雨粒が浮いているスクリーンに対して、見ている人の背後から映写機の光が射すようなもの。これが虹の正体です。

つまり、観測者は円すいの頂点にいて、円形の底面のふちに相当する場所にある雨粒からの光だけを見ていることになります。こういうわけで、真横から虹を見られず、虹の橋のたもとに行くこともできません。

こうすれば、円形の虹が見られる

ではなぜ虹は上半分しか見えないのでしょうか。それは下側が地面の下になってしまうからです。小さくていいのなら、よく晴れた真昼に、ジョウロで目線より下に水をまけば、円形の小さな虹が見られますよ。

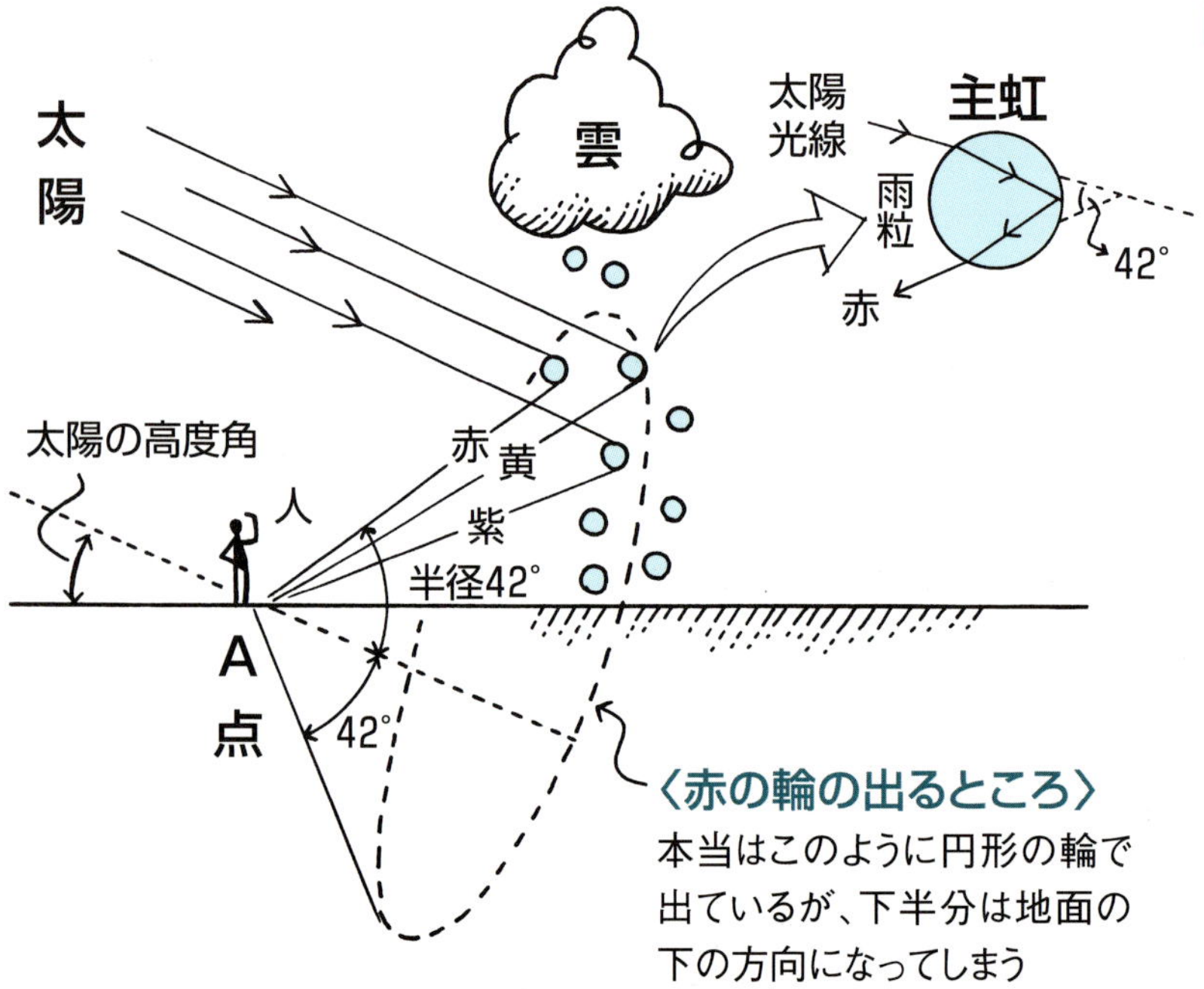

深海には光がないのに、赤い生物がいるというのは本当か？

水分子が吸収する光の波長

深海ってどんなところ？

深海とは何メートルより深い海を呼ぶのでしょう？　明るさに注目してみましょう。水の透明度によって違いはありますが、水深100メートルに届く光は海面の1％程度です。200メートルよりも深いところでは、植物が光合成を行えないレベルの暗さになるため、これより深いところを深海と呼ぶ人もいます。

さらに1000メートルまで届く光は、たった100兆分の1で、まさに漆黒の闇といっていいでしょう。

昔は、深海には全く生物がいないと考えられていました。しかし現在では、潜水探査船などの調査で、世界最深である約1万1000メートルのマリアナ海溝にさえ、わずかな生物がいることがわかってきました。

そんな生物には黒い色や透明のクラゲのようなものが多いのですが、驚くことに、水深数千メートルの暗闇の中にいる生物の一部には色がある生物がいるのです。

深海で、赤は保護色になる？

といっても、熱帯魚のようにカラフルではなく、クラゲもエビもカニも共通して、とても鮮やかな赤色をしています。

光がないため、色を見分けることもできず、その必要もない世界のはずなのに不思議です。進化の過程で、赤い色が有利だったに違いありません。

水分子は、赤の波長をよく吸収するため、水中では赤色がほかの波長に比べて先に減衰します。逆に遠くまで届くのは青色なので、海の中は青いのです。

ですから微弱な光しか存在しない深海では、赤は黒と同じように周囲にまぎれてしまう色なのです。

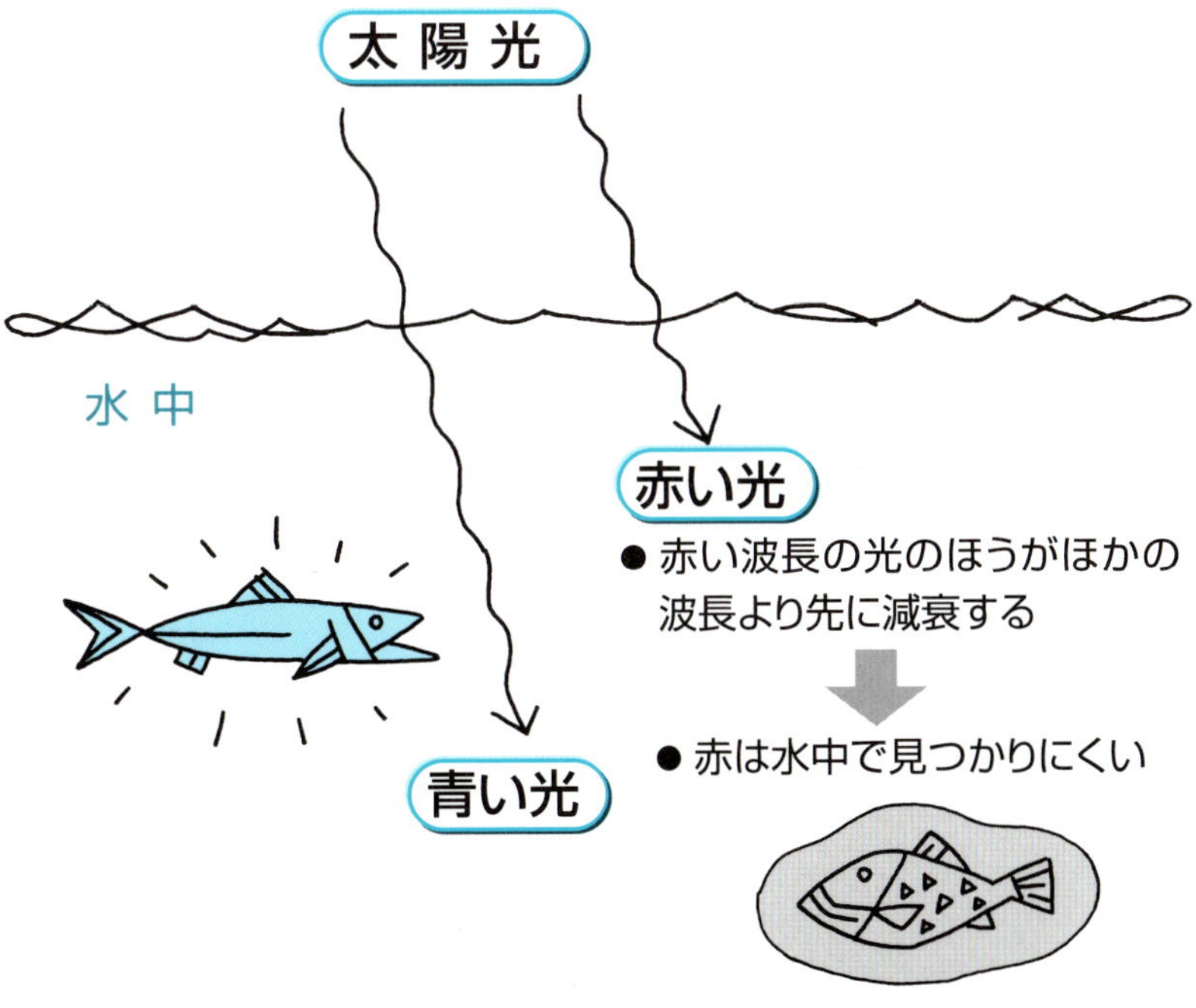
太陽光
水中
赤い光
●赤い波長の光のほうがほかの波長より先に減衰する
●赤は水中で見つかりにくい
青い光

なぜ、植物の葉っぱの色は緑色が多いのか？

光の吸収

葉緑素が赤色と青色を吸収する

私たちがふだん目にする植物の葉っぱの色はほとんどが緑色です。当たり前のように思いますが、それはなぜなのでしょうか。

緑色の正体は、植物の細胞の中にある葉緑素（クロロフィル）です。葉緑素は、ご存知のように光を吸収して二酸化炭素と水から炭水化物を作る光合成をしています。

では、なぜ葉緑素は緑色なのでしょうか。それは、葉緑素が赤色と青色の光を吸収するからです。

太陽光は赤～黄～緑～青とほぼ連続した波長の光が混じっていて、葉っぱに降り注ぎます。そのとき、葉緑素が赤と青とその周辺の光を吸収し、残りの緑周辺の光だけを吸収しないので、緑の光が葉っぱの表面で反射されて、私たちの目に飛び込んで「緑」に見えるのです。

ちなみに、光合成に関係する色素には、ほかに赤や茶色のものもあります。

水分子と光の関係が原因

ではもう少し突っ込んで、なぜ陸上の植物のほとんどが赤や茶色ではなくて、この緑の葉緑素をもっているのでしょうか。

それは、緑の植物の祖先が1つだからです。葉緑素の祖先をたどると、緑藻類という藻類にたどりつきます。藻類には緑のほかに、赤や茶色などのものもあり、それぞれ水中で別の波長を吸収して光合成をしていました。

ところが、水分子が赤い色をよく吸収するため、緑藻類にとって水中は不利で、次第に陸に近いところに勢力を移し、ついには上陸して陸上に勢力を広げたからではないかといわれています。

はるか昔、陸上植物の祖先が上陸したとき…

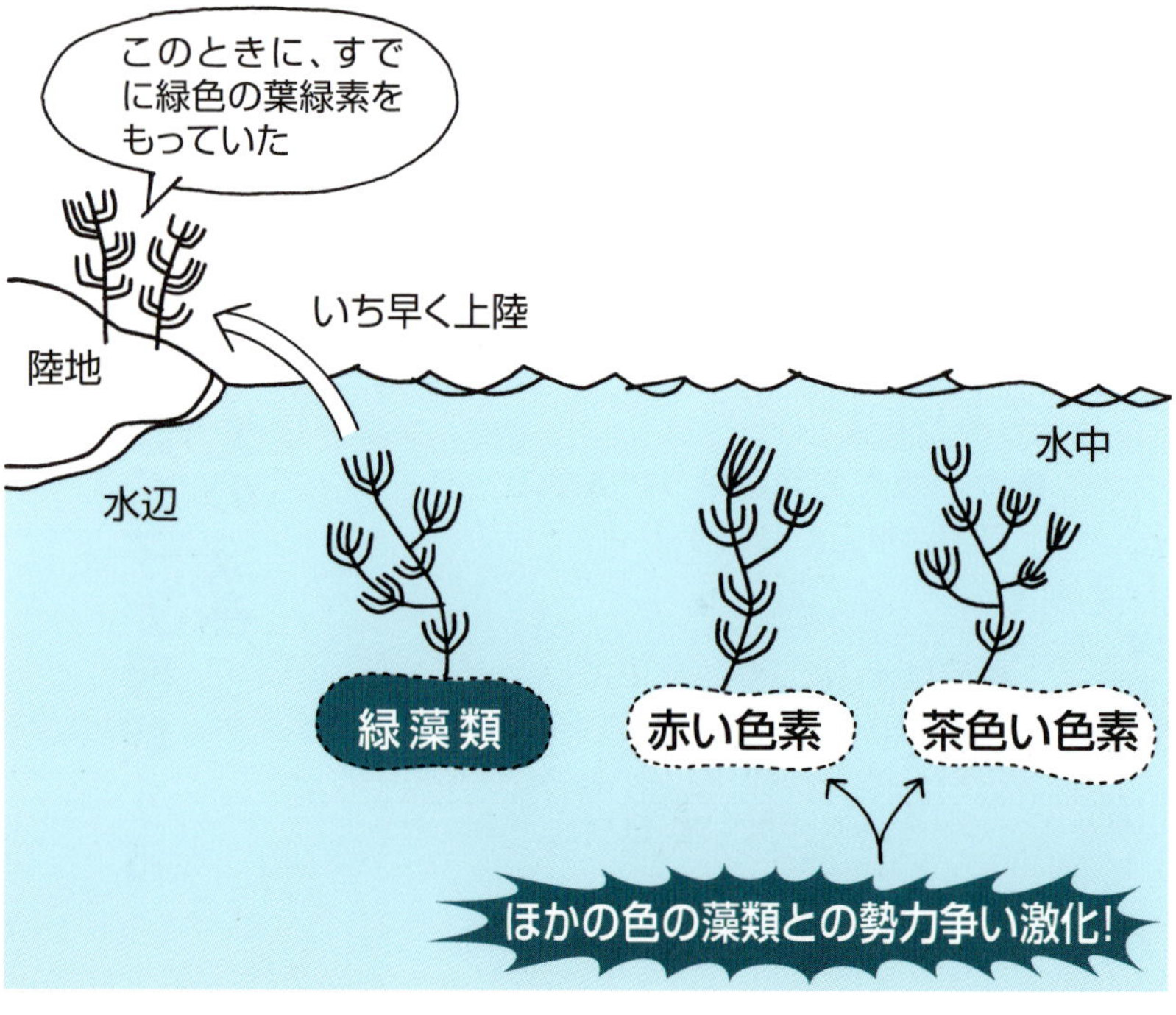

シャボン玉が虹色に見えるのはなぜか？

光の干渉

薄膜で反射する光の2つ経路

子どもはシャボン玉が大好き。晴れた日の公園では、シャボン玉を作ったり、シャボン玉を追いかけたりする子どもたちをよく見かけます。

さて、シャボン玉や油膜の表面には虹のようなきれいな色がつきますね。これはなぜでしょう？

シャボン玉も油膜も薄い膜でできています。薄い膜に光が当たると、一部は膜の表面で反射します。そして一部はいったん膜の中に入り、膜の裏面で反射して再び表面に出てきます。

ほかに、そのままシャボン玉を通過してしまう光もありますが、それは目に入ってこないので、ここでは無視します。

薄膜に光が当たると、このように光は2つの経路を通り、再び合流して私たちの目に入ってくるのです。

強めあう光と弱めあう光

光には波の性質があって、2つの経路を通ってきた光の、波の山が重なれば互いに強めあい、波の山と谷が重なれば弱めあいます。これを「光の干渉」といいます。

特に、強めあっているところが色として見えるところです。これが、膜の厚さや見る角度によって、光の波長ごとに違う場所に現れます。

ですから、いろいろな波長の光が混じった太陽光のような白色光をシャボン玉に当てると、ある場所では赤い波長が強めあい、その少しずれた場所では黄色の波長が強めあい、また少しずれた場所では青色の波長が強めあう、という具合に色が並んで見えます。

プリズムの原理とは少し違うのですが、波長ごとに違う場所に現れるので、虹色に見えるのです。

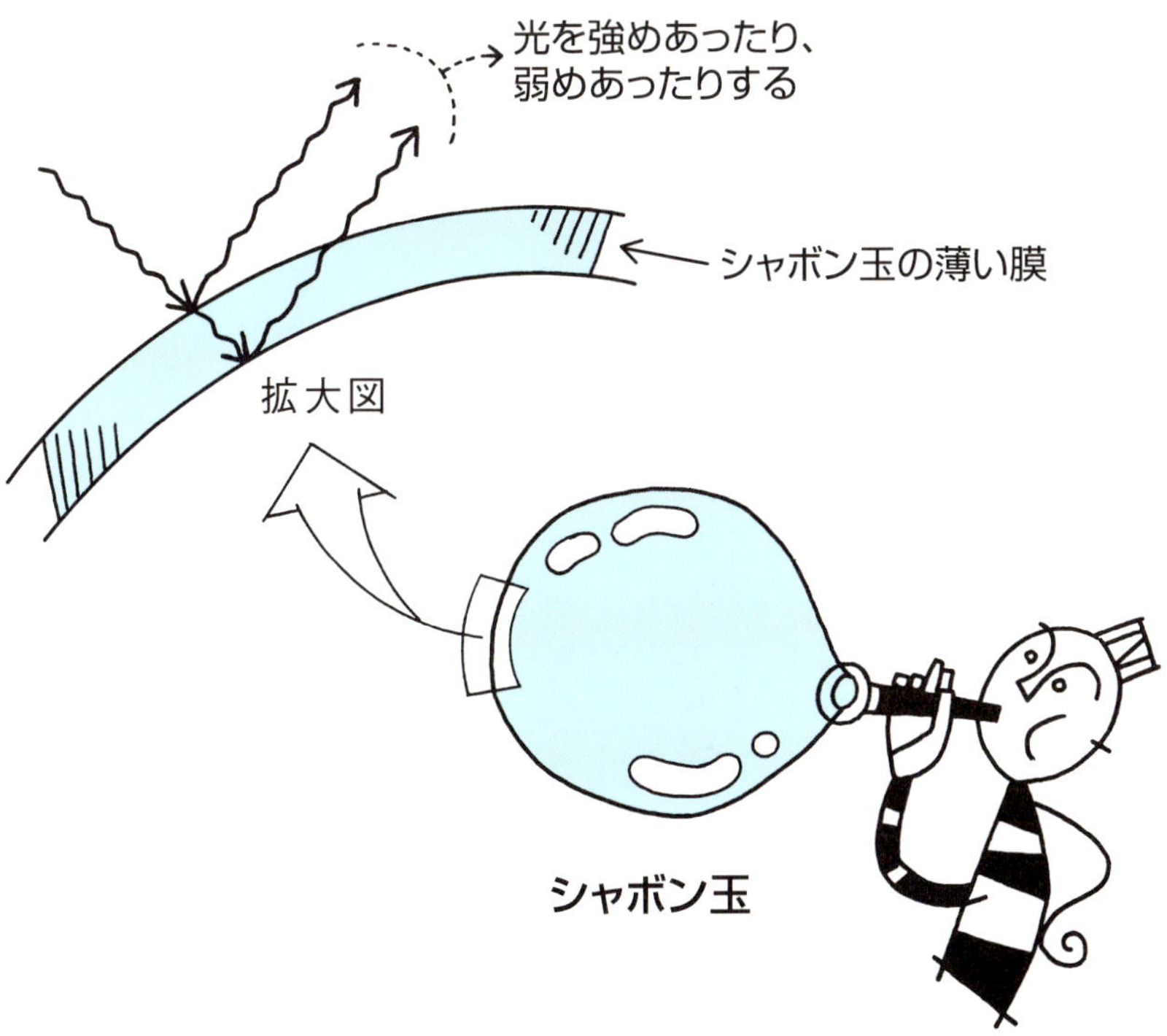

蜃気楼が見えるのはどんなしくみなのか？

光の屈折

光は温度の低いほうに曲がる

春先、海の上に船が浮かび上がって見えたりします。

真夏、太陽が照りつけるアスファルトの道路を車で走っていると、前方の道路が濡れているように見える「逃げ水」に遭遇しますね。

こうした現象は、冷たい空気と暖かい空気が重なりあっている部分で光が屈折し、光の経路がカーブするためです。

一般に光は、密度の高い（温度が低い）ところを通るときほど遅く進みます。ですから、光の進行方向は温度の低い方向に曲がります。これが屈折の正体です。

したがって、空気の温度が狭い範囲で連続的に変化しているような場合、この効果が積み重なって、光の経路は温度の低いほうに向かってカーブを描くのです。

浮かんで見えたり、沈んで見えたり

さて、春先の海などで、冷たい空気の上に暖かい空気が乗っている場合、図1のように光の経路は、凸型になります。

その光を見ている人にとっては、光は直線的に進むと思い込んでいますから、光源が実際よりも浮かび上がったところにあるように見えるのです。

逆に、真夏の太陽が照りつけるアスファルトの地面近くのように、暖かい空気の上に、それより冷たい空気が乗っているようなときには、図2のように光の経路が凹型になります。

その光を見ている人にとっては、光源が地面の下にあるように見えるのです。「逃げ水」もこれに当たります。

図1
冷たい空気の上に暖かい空気があるとき、浮かび上がって見える

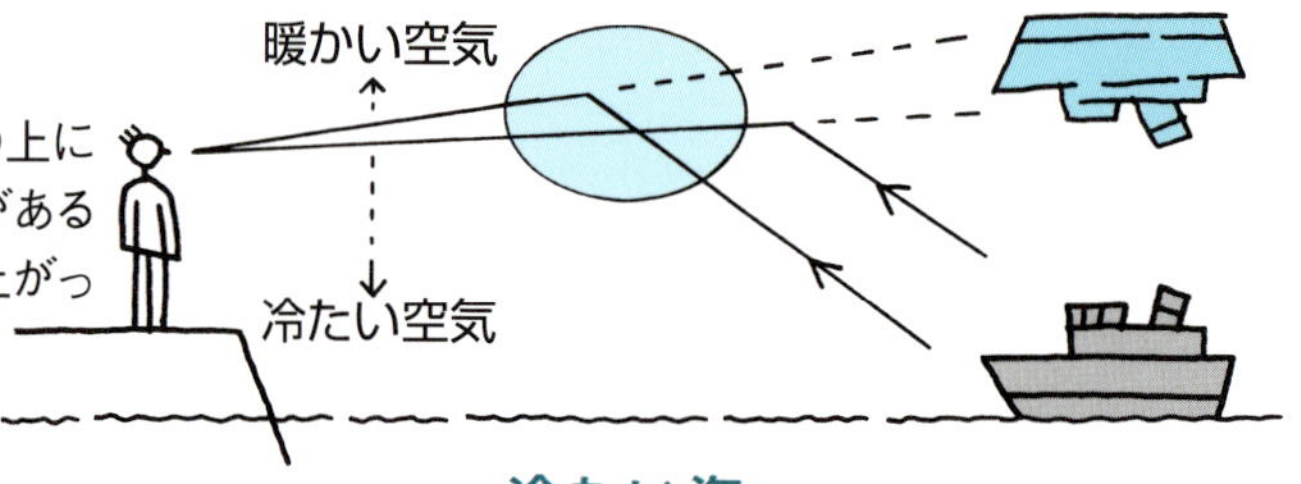

図2
暖かい空気の上に冷たい空気があるとき、沈んで見える（逃げ水もこれ）

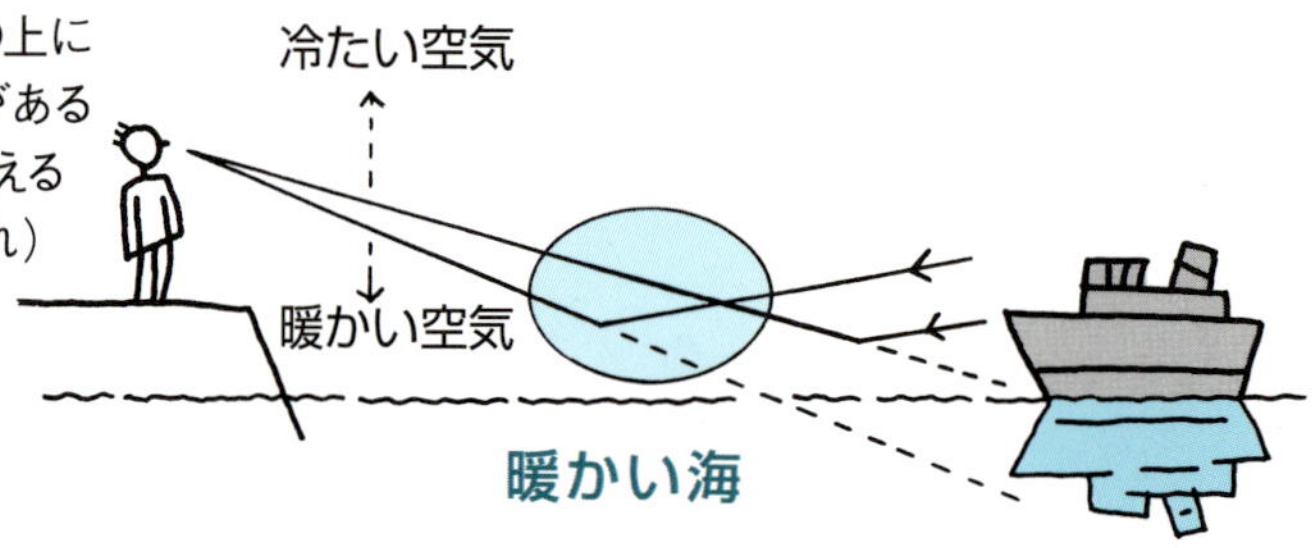

色素がないのに、青く輝くチョウの羽はどうなっているのか？

光による構造色

モノは透明でも遠目では美しい色

ブラジルの熱帯雨林に棲息する「モルフォチョウ」という大型のチョウは、まばゆいメタリックブルーの輝きを放つ羽で有名なチョウです。

美しい羽の秘密は、発色のしくみにあります。

多くのチョウは、羽の表面についているリン粉の色素が羽の色になっていますが、モルフォチョウは、メタリックブルーの色素をもっているわけではありません。

羽の表面に特殊なデコボコした構造があって、そこに光が当たると、光の反射や干渉が起きて色が生じるのです。

このように光の波としての性質だけで作る色を「構造色」と呼びます。

透明な石けん液でシャボン玉を作ると虹色に見えるのも、一番単純な構造色です。

さて、構造色は生物の世界にはけっこう例があって、モルフォチョウのほかに、日本の国蝶であるオオムラサキアゲハ、シジミチョウ、クジャクの羽の色、タマムシの色、青魚の銀色、ネオンテトラなど熱帯魚の青や緑、カワセミの羽、それから西洋人の青い瞳などもそうです。

自然界の構造色を作り出す技術も

最近、この自然の原理が、様々な技術に利用され始めています。構造色に必要な、数十ナノメートル（ナノは10億分の1）の構造を作る技術が可能になってきたからです。

塗装や化粧品、繊維、印刷に利用すれば、色素や染料を必要としない、角度によって色が変わる美しい色も出せるというわけです。

すでに洋服の生地、自動車の塗装やシートなどは商品化されています。

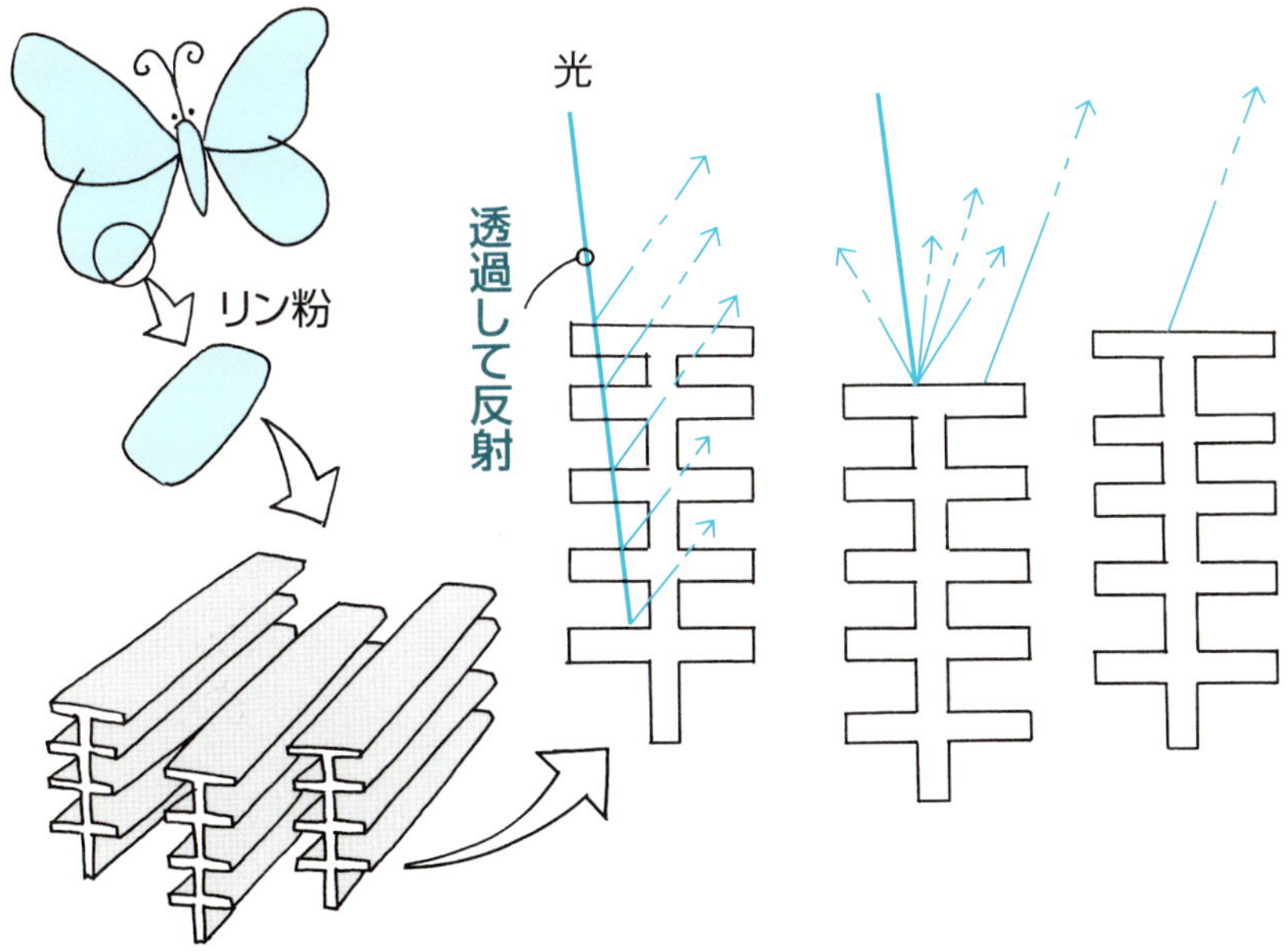

波は必ず岸に向かうものなのか？

波の吸収と破壊
離岸流

海底や砂、岩で波が消滅する

波といって思い浮かべるのは、白い波頭ですね。これは風に押されながら岸に進む横波です。海岸に到達するとどうなるでしょう。

すべての波には共通点があって、ぶつかる相手が波長よりも小さい場合は何もなかったように通過し、同程度か大きい場合には反射したり砕けたりする性質があります。

海岸では、岸に近づくにつれて浅くなる海底の影響を受けて、前側に巻き込む「磯波」へと形が変化し不安定になります。そして最終的に、浜辺であれば砂に吸収され、岩場では岩に衝突して消滅し、波の一生が終わります。

ですから再び沖に向かって波頭が進んでいくようなことはなく、波は岸に向かうのです。

ただし、波が吸収も破壊もせずに反射するようなバスタブでは、ぶつかった波が反射して、格子《こうし》模様を見ることができます。

離岸流に巻き込まれたら

さて、海の「波」は岸に向かいますが、「流れ」は岸に向かうばかりではありません。事故につながる「離岸《りがん》流」があります。

海岸に向かって強い風が吹くと、海の水が沖から海岸に打ち寄せられます。そうすると、水はどんどん岸にたまってしまって海岸に沿って流れますが、どこかで流れ同士がぶつかって沖へ向かう強い流れができます。

離岸流に巻き込まれたら、この強い流れに逆らってはダメ。離岸流の幅は10〜30メートルしかないので、落ち着いて岸と並行に泳いで、離岸流から離れたあとに岸に向かうことが大事です。

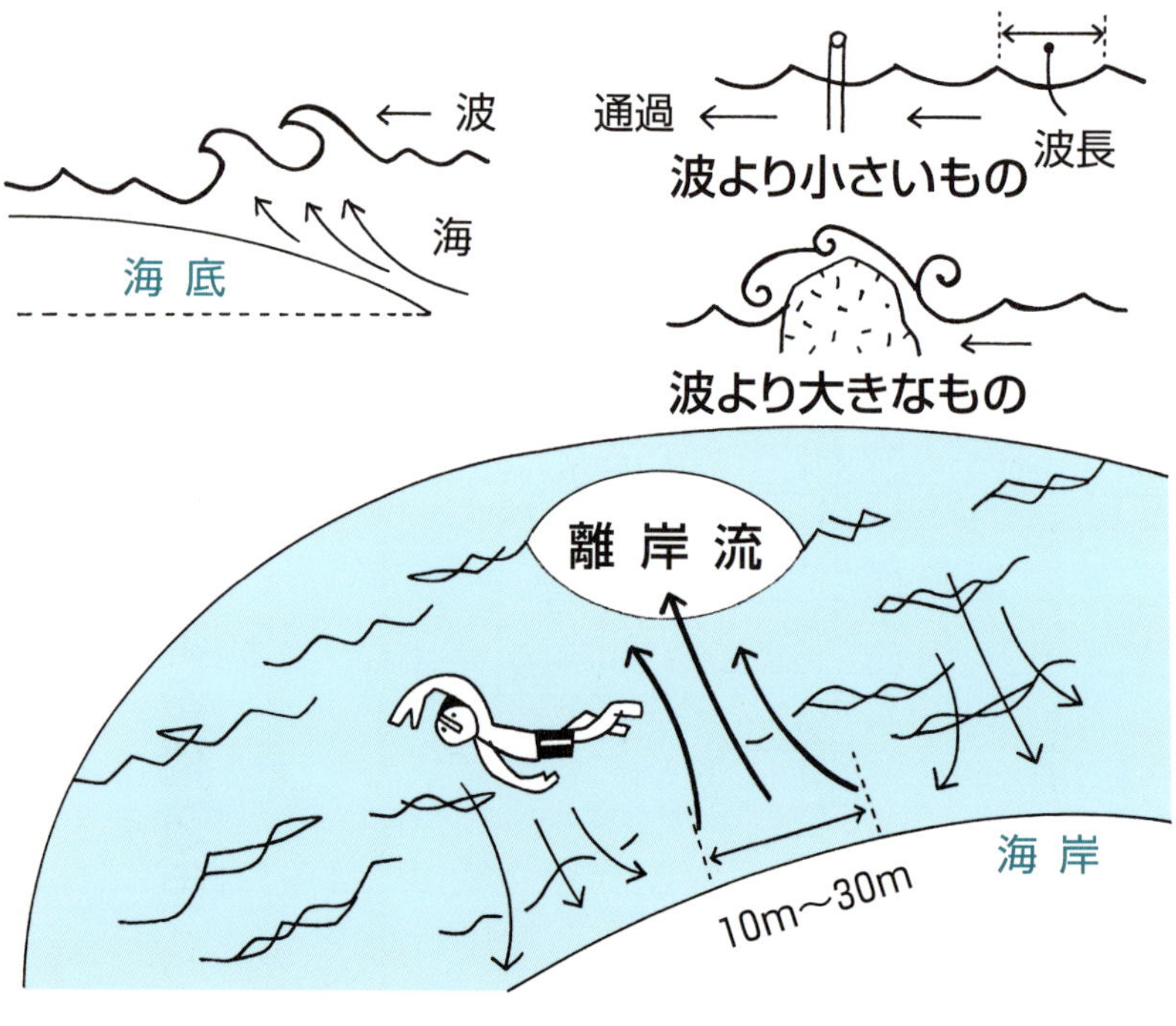

和音と不協和音はどこに違いがあるのか？

倍音の一致とずれ

周波数の整数倍の音

1人で鼻歌を歌うより、カラオケが楽しいのも和音のおかげ。私たちは和音で音楽を感じますが、和音って何でしょう？

そもそも楽器の音が、手をパチンと叩いたときに出る音と違う点は何でしょう。

楽器の音（人の声を含む）は、基本の音（基音といいます）の周波数に、その周波数の整数倍の音（倍音といいます）が混じっているときに、音色として感じることができます。

つまり、ピアノで、ある音を出したとき、基音の周波数をfとすると、同時に2f、3f、4f……の周波数の成分も混じっているのです。

倍音が一致するときに和音になる

それでは和音について考えてみます。例えば「ド・ミ・ソ」という3つの音は、基音の周波数の比が、およそ4対5対6になっています。

そこで、楽器でそれぞれの音を出したときの周波数の成分は、基音に倍音が混じっていますから、

ド　4、8、12、16、20、……
ミ　5、10、15、20、25、……
ソ　6、12、18、24、30、……

となります。

こう書き並べてみると、ドの3番目（3倍音）とソの2番目（2倍音）が、両方「12」で一致していますし、ドの5倍音とミの4倍音が、両方「20」で一致していることがわかります。

このように、倍音が最初のほうで一致する箇所があるときに、重なった音は人にとって快く響き、和音になります。

逆に、周波数がわずかにずれた音は、うなりを生じて変な感じがします。これが不協和音です。

〈ドミソの和音の場合〉

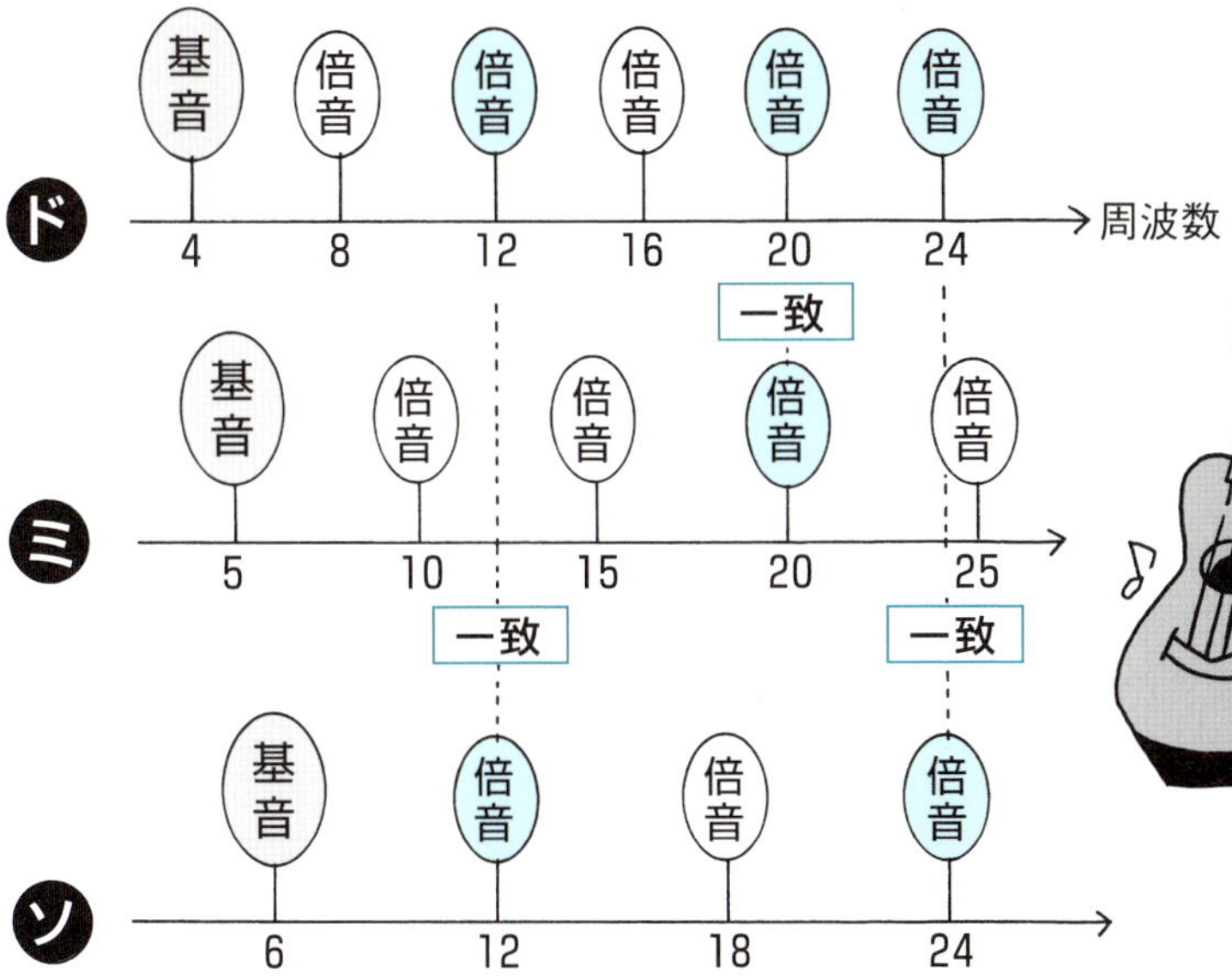

ココアを入れたマグカップの底をスプーンでつつくと、音程がどんどん上がっていく謎とは？

水中と空気中の音速の差

泡の量で振動数が変化する

粉状のココアをマグカップに入れ、ホットミルクで溶かしてよくまぜます。

マグカップにスプーンを立てて入れ、カップの底をコツコツつつくと、不思議なことに、つつくごとに音程がどんどん上がっていきます。

これはなぜでしょうか？

できたてのミルクココアは、ココアの粉に、小さな空気の粒がくっついているため、泡を含んでいて、もったりとしています。

ですが、スプーンでカップの底をつつくと、そのたびにスプーンが泡の粒を壊して、空気の粒がなくなっていきます。

ところで、水中よりも空気中を伝わるときの音速のほうが遅いので、空気をたくさん含む、できたてココアの状態の音速が一番遅く、スプーンで底をつついてココアから空気を追い出すにつれて、音速はどんどん早くなっていきます。

マグカップの共振波長は、図のようにマグカップの大きさで決まるので一定のままですが、音速が速くなるにしたがって、それに比例して振動数が高くなっていき、音の高さがどんどん高くなるというわけです。

ですが、つつき続けるうちに、泡がなくなるので、音の高さが変化しなくなります。

そこで、電子レンジで温めたり、ハンドミキサーで泡をもう一度作ると同じ現象が現れます。

学生時代に研究室で友人とミルクココアを飲んでいたときに、ふと見つけたのですが、当時は謎のままでした。

音階のように音の高さが上がっていくのが面白いので、ぜひ試してみてください。

$$\text{音の高さ} = \frac{\text{音速}}{\text{波長（一定）}}$$

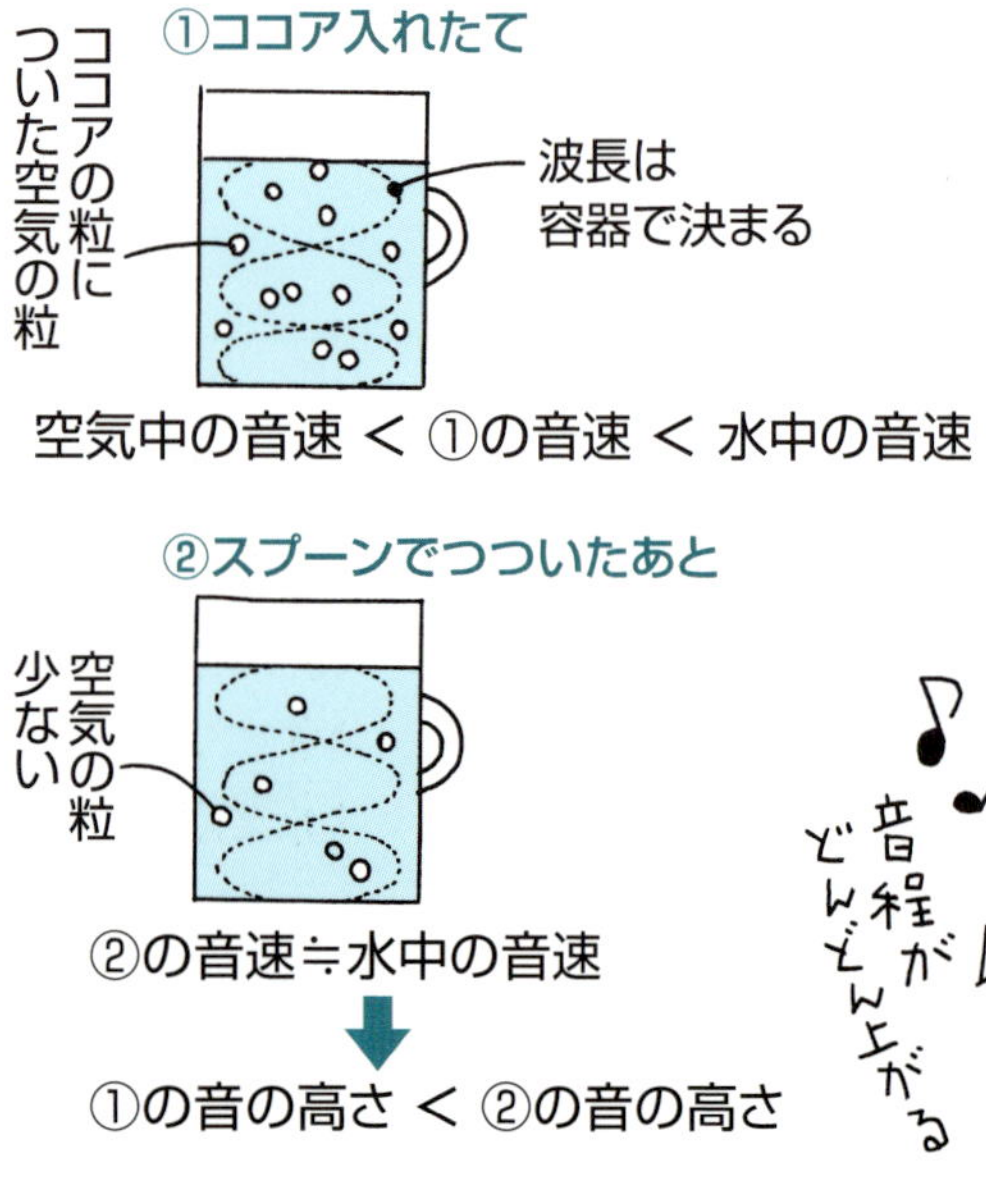

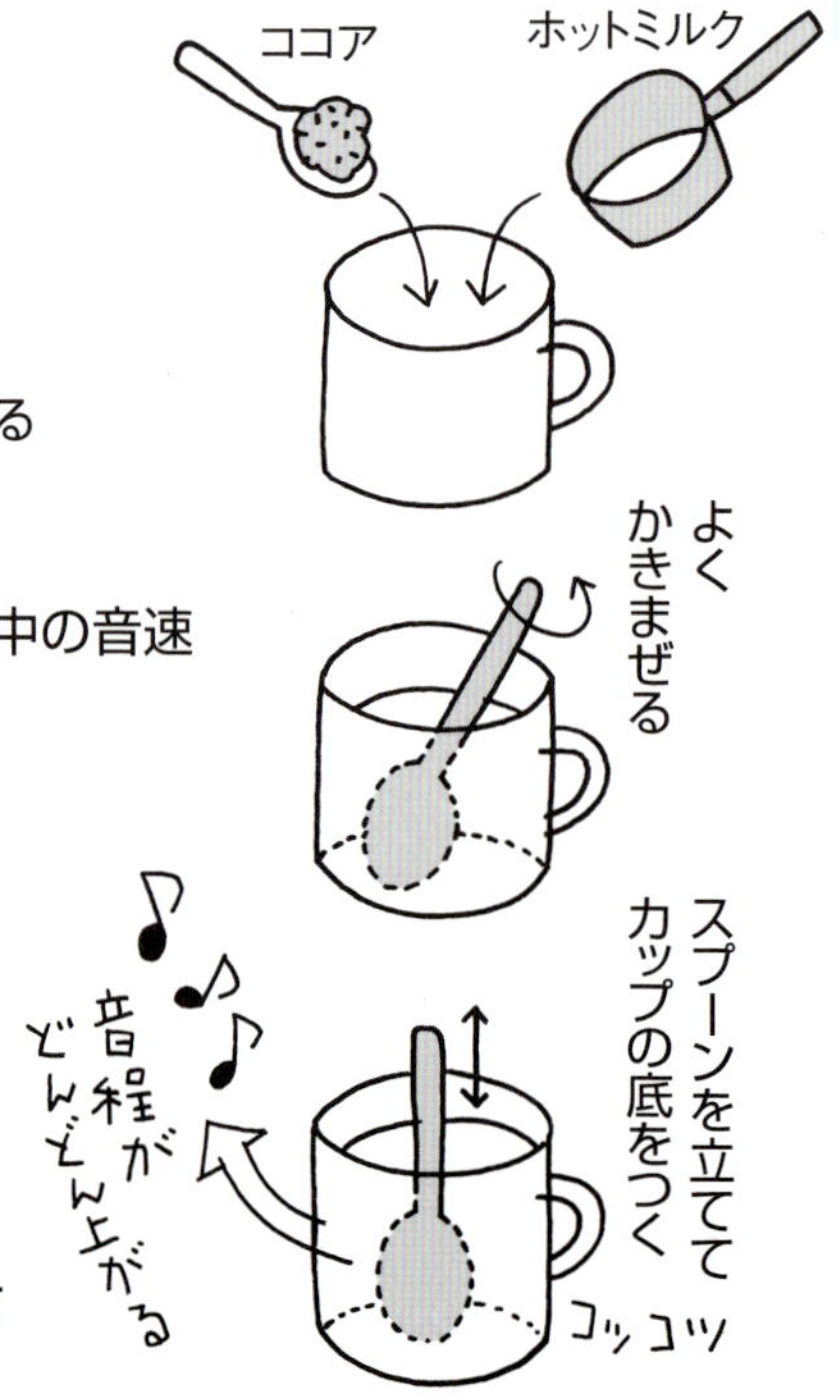

「犬笛」から超音波が出るっていうけど、超音波とは？

直進性が強い
大きな音圧

聞こえないけど、すごい音？

「音波」って、要するに音ですが、それに〝超〟がつくと、何だかとたんにすごそうですね。

超音波ってどんなものなんでしょうか。

定義からいうと、別にすごくも何でもなくて、単に周波数が20キロヘルツ以上の音のことを「超音波」といいます。

ヘルツというのは音の波が1秒間に振動する回数です。1秒間に2万回以上の速さで、空気の圧縮が起きるのが超音波というわけです。

ただ、ちょっと縁遠い感じがするのは、超音波が一般に人の耳に聞こえないからかもしれません（感じることはできるという説もあります）。

私たちの耳は、1秒間に20回から2万回未満の振動をとらえる能力しかないのです。

直進性が強い超音波

それにしても、聞こえもしないのに、そんなに超音波にこだわるのはなぜでしょう？

例えば、「犬笛」を吹くとピーという高い音が出ますが、このとき一緒に超音波が出ています。

超音波の特徴の1つは、音がまっすぐに飛ぶ（直進性が強い）ということ。だから犬にしてみれば、人間の声で呼ばれるよりも、犬笛で呼ばれたほうが、場所や距離が判断しやすいのです。

つまり、超音波を使えば、音による「目」をもつようなものです。

超音波を体やモノに当てることで、その内部の構造を見たり、魚群を探知したりもできるのです。

また、エネルギーを集中させることができるのも超音波の大きな特徴ですが、それについては次の項に。

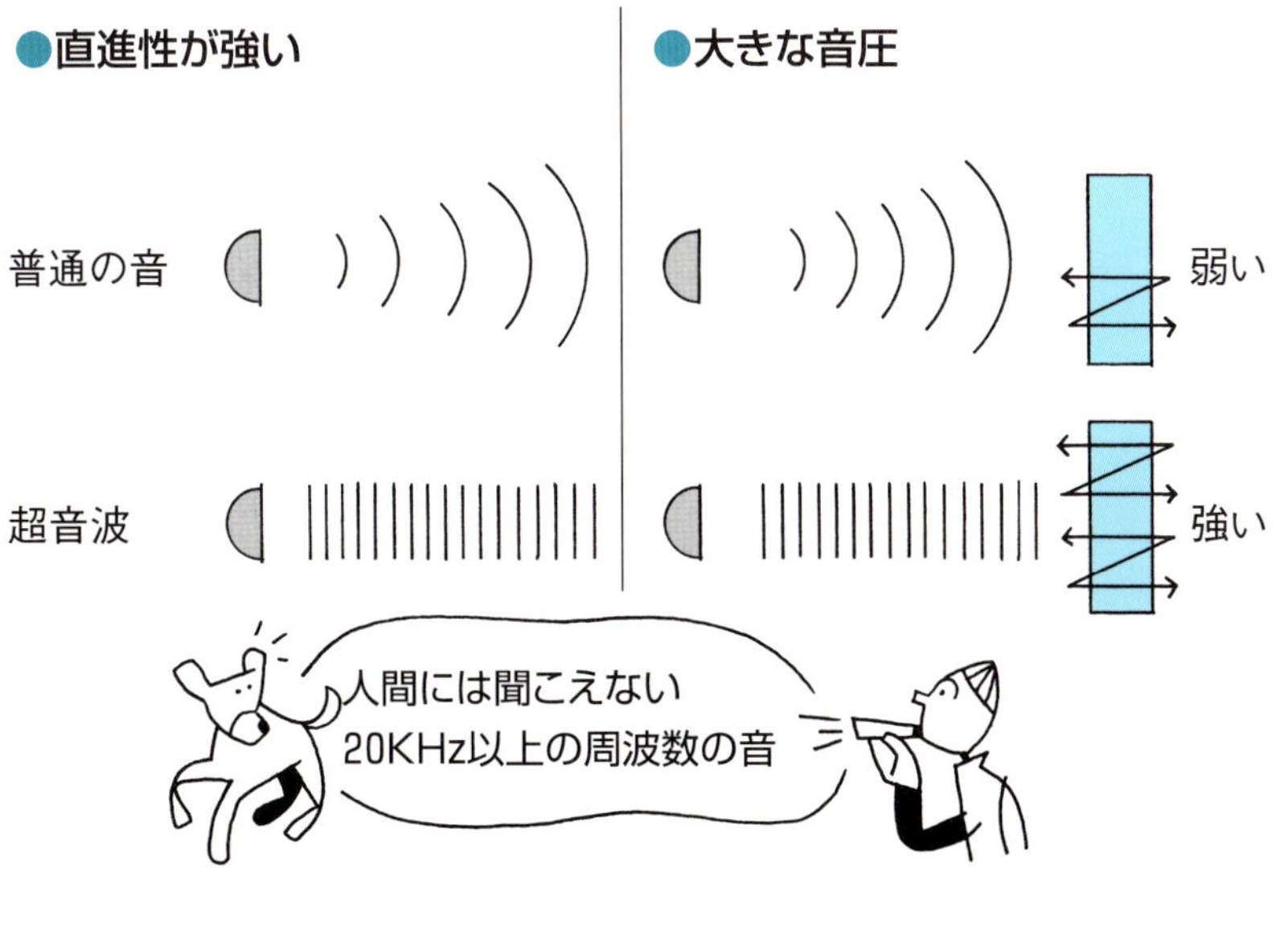

超音波で、なぜメガネがきれいになるのか？

キャビテーション現象

超音波と流体のコラボレーション

超音波洗浄器って、本当にメガネがきれいになるからすごいですね。

あれも超音波っていうからには「音」なのに、どうしてモノを洗う効果があるのでしょう。

構造は洗浄器の水槽の底に、超音波発生装置をつけたものです。

きれいになるのは、

・超音波で大きな水圧が発生
・キャビテーション現象の発生

の2つが関係しています。順を追って説明しましょう。

気圧がめまぐるしく変化する

まず、強力な超音波を発生させます。このときの音の圧力は、水中で1気圧（1平方センチメートル当たり1キログラム）以上にもなります。

この超音波は水の中で何を起こすでしょう。流体特有の現象が起きるのです。

水にかかる圧力は、先ほどの音圧（1気圧以上）と大気圧（1気圧）が足されて、瞬間的に2気圧以上になり、次の瞬間には0気圧になります。

この0気圧というのが第1のポイントで、流体は圧力が低くなるほど1つ1つの分子が自由に動きやすくなり気化しようとするので、「気泡」がたくさん生まれます。これを「キャビテーション現象」と呼びます。

ですが、次の瞬間にはまた2気圧の圧力がかかるため、気泡が壊れます。この、気泡が壊れるときが第2のポイントで、まわりの液体がものすごい勢いで気泡の中心に進んでいき、気泡が消える瞬間に反対側から進んできた液体と衝突するので、瞬間的に数千気圧もの力を発生します。

この力が、メガネの汚れを落としてくれるのです。

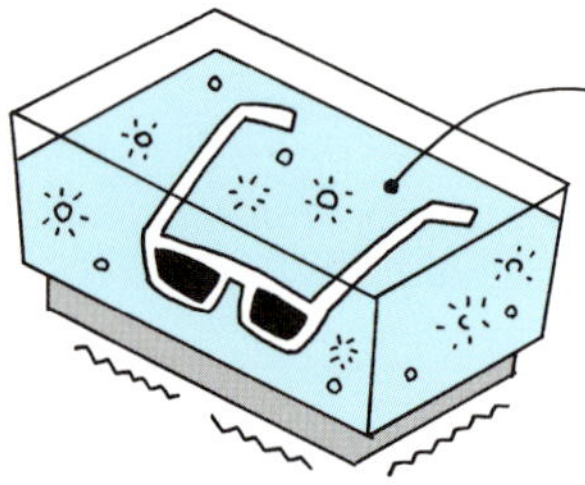

メガネ洗浄器はキャビテーション現象で発生する力を利用している

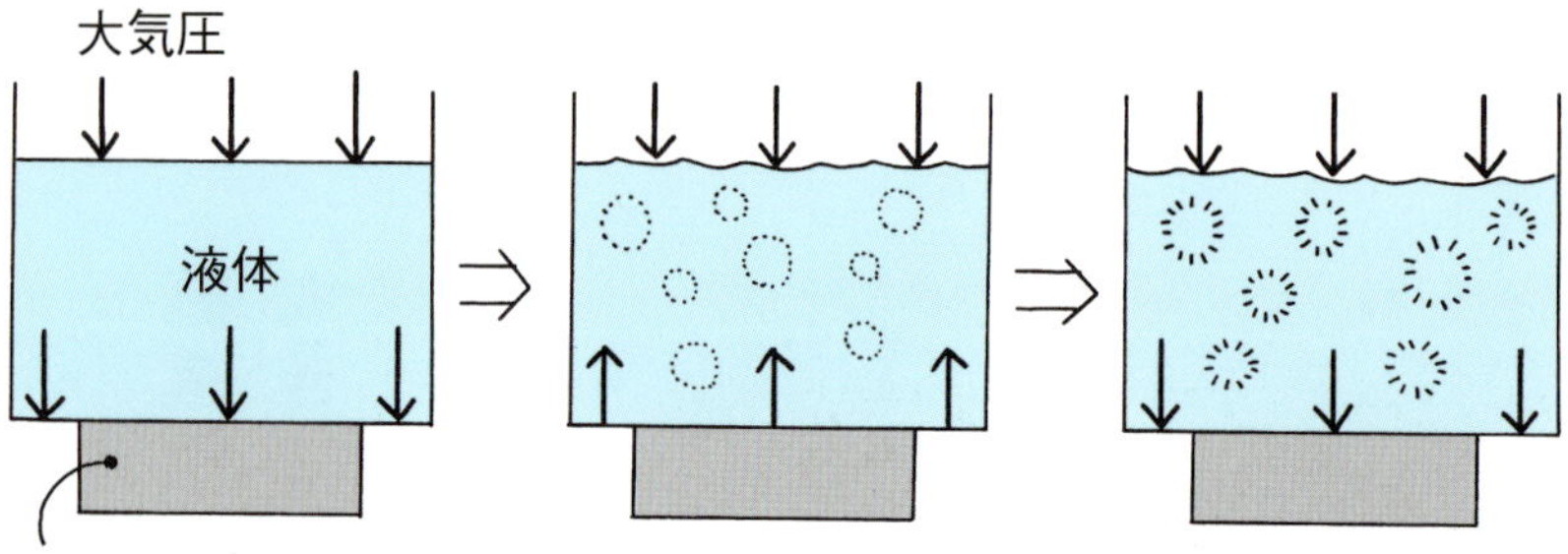

超音波発生装置の振動によって液体に正の音圧（2気圧以上）が加わる ⇒ 負の音圧（0圧）によって液体が引きちぎられ、気泡が生まれる ⇒ 再び正の音圧がかかると、気泡が壊れる。このとき大きな力が発生する

横波と縦波はどう違うのか？

波のいろいろな性質

波動には共通点がいっぱいある

波というと、何を思い浮かべるでしょうか。海の波、地震、音、光など、世の中には波動として理解できるものがたくさんあります。

ここでは、波についてまとめてみることにしましょう。

波動には横波と縦波があります。といっても水平方向の波が横波で、垂直方向の波が縦波というようなことではありません。

波が進行方向に対して直角に振動する場合を横波、進行方向に対して並行に動く波を縦波といいます。

例えば、大縄跳びで縄をもっている片方の人が、上下に縄をゆらして作る波や、バイオリンの弦をはじいたときの振動、静かな湖面に小石をポトリと落としたときの波は横波です。

一方、つるまきバネをつるして伸び縮みさせると、バネの濃淡が交互に移っていくのが見えますが、これは縦波です。

ほかに、波が動いている様子が目に見えないものでは、電磁波（光を含む）は横波で、音は空気の濃淡が伝わる縦波です。

波についてのポイントを3つあげておきましょう。

まず、縦波も横波も、周波数、波長、速度の値がわかればどんな波かがわかります。

次に、同じ波動同士は干渉し、強めあったり弱めあったりします。また、反射・屈折・回折もします。

そして一番重要なのは、波はエネルギーを移動させる手段であるということです。エネルギーを運ばない波はありません。例えば、地震も波ですが、大きな地震波が到達した場所に被害を及ぼすのは、波がエネルギーを運んでいるからです。

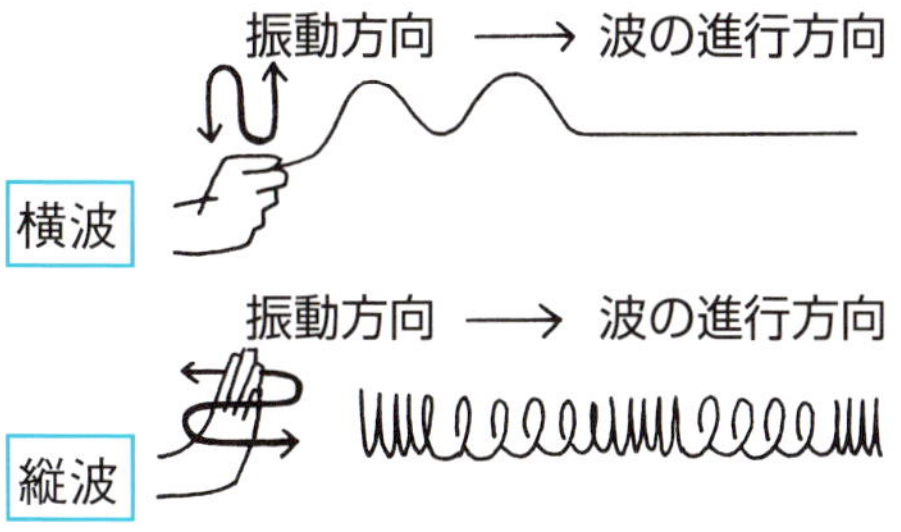

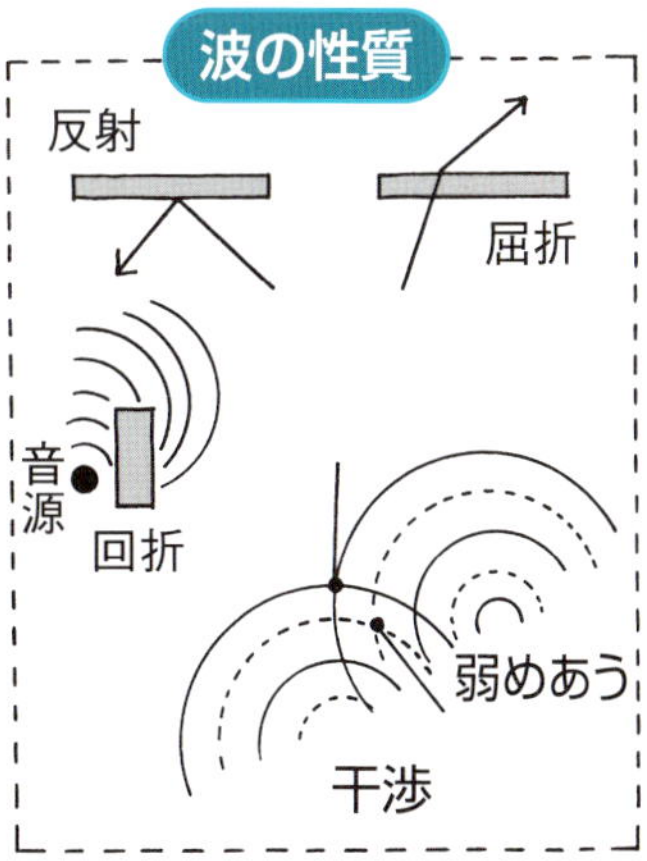

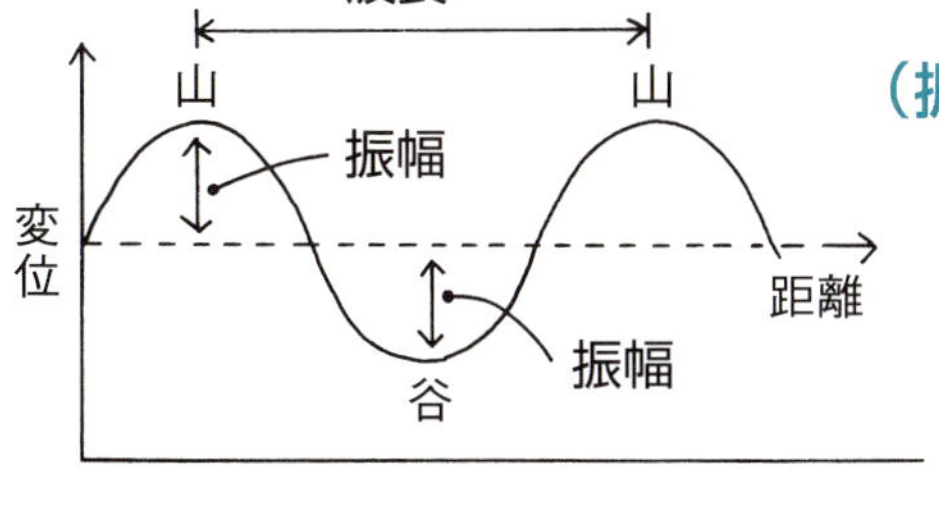

（振動数・波長・速度の関係）

$$振動数＝\frac{波の速さ}{波長}$$

なぜカミナリはくねくね曲がって落ちてくるのか？

電気分極

雷は雲の中の静電気から

夏の午後などに、ゴロゴロという音とともに始まる雷。

子どもの頃、雷の正体が放電現象であることを大人から聞かされても、なぜ放電が突然始まり、何度も繰り返され、激しい雨が降り、青白い光が光ってゴロゴロという音が鳴るのか、光るたびに地面に落ちているのかなど、わからないことだらけでした。

現在の定説では、雷のしくみは、まず暖かく湿った空気で積乱雲が発達します。そしてその中にある氷の粒同士、または氷の粒と水の粒がぶつかって静電気が生じます。マイナスに帯電した大きな氷の粒が雲を下降する一方、プラスに帯電した小さな氷の粒は雲の中を上がっていき、プラスとマイナスの電気が分かれて分布するようになるのです。

すると、雷雲の下方にたまったマイナスの電気と、地表との間に電圧が生じます。電気の量が増えて、電圧が数千〜数億ボルトと高くなると、電気を通しにくい空気に一気に電流が流れ、放電を起こします。これが落雷です（落雷せずに雲の中で放電が起きることも多いです）。

なぜくねくね曲がって落ちるのか

さて、本題ですが、稲妻はジグザグだったり枝分かれしたりします。もともと空気は電気を通しにくいので、雷のエネルギーは、空気にぶつかって熱や光に変わり、すぐに消費されます。

そのため、雷は電気のもっとも通りやすいところを少しずつ流れ、数十メートル進んでは休み（といっても1万分の1秒程度ですが）、というのを繰り返すので、ジグザグになるのです。

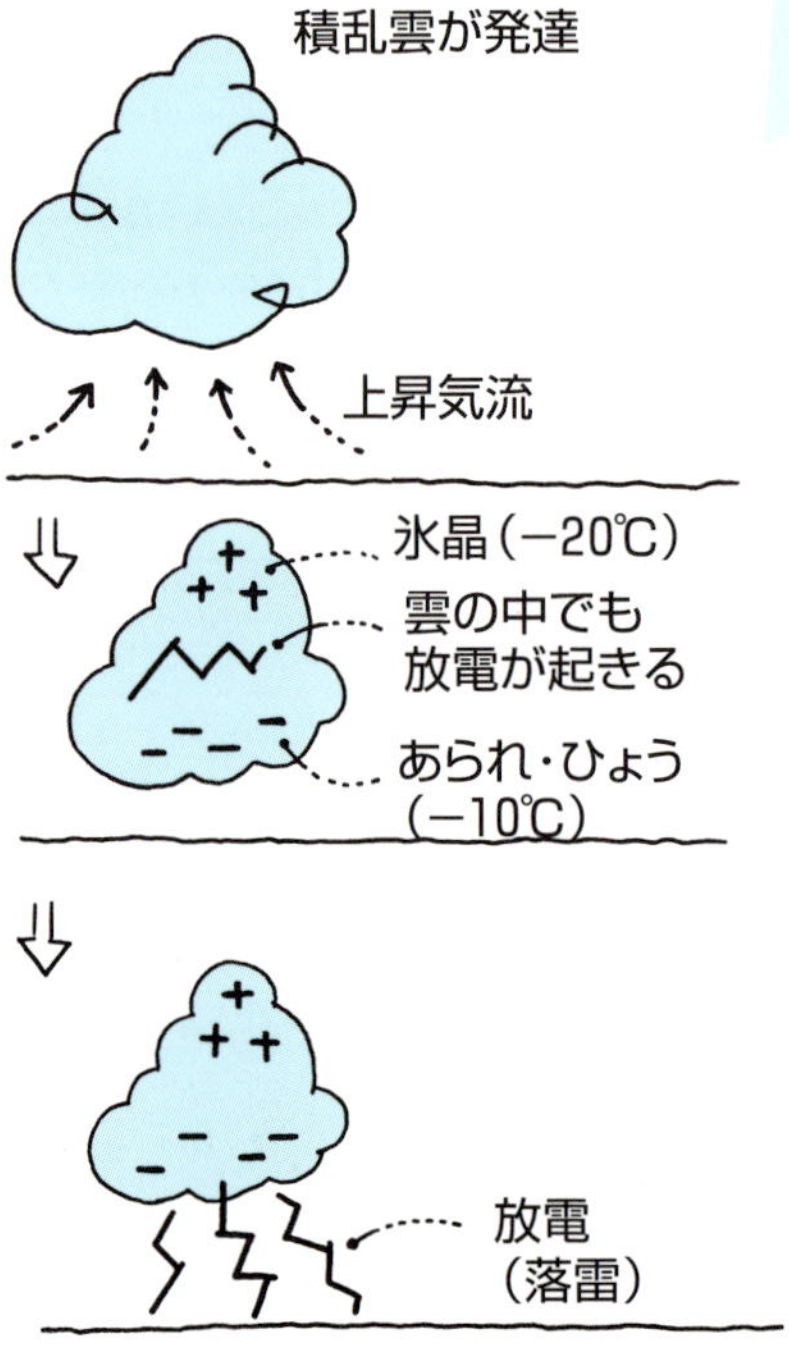

ハウリングはどうして起きてしまうのか？

音のループ

音のループが起きる

「えー、本日は……」

キーーーーーーーーン！

耳をつんざく音が鳴ると、主役の座は一瞬のうちに奪い取られ、客席で聞いているほうは耳をおおいたくなるし、主催者側もあせってしまいます。

これは、「ハウリング」という現象です。なぜ起きるのでしょう？

通常、マイクが拾った音はアンプに送られ増幅されて、スピーカーから出てきますが、それをさらにマイクが拾ってしまったときに、マイク～アンプ～スピーカーの間を音がループしてしまいます。

このループする音のうち、ある特定の周波数の成分だけが、どんどん増幅され、「キーン」「ブーン」という音になってしまうのです。これがハウリングの正体です。

マイクをスピーカーに向けない

これを防ぐには、マイクがスピーカーからの音を拾わないように、スピーカーを完全に客席側に向けるなど、マイクとスピーカーが向かいあわないように設置することが第一です。

カラオケの際にハウリングが起きたら、試してください。

また、マイクの指向性が弱いと、ハウリングを起こす範囲が広くなってしまいますので、マイクやスピーカーの指向性が強いことも大事です。

ところで、ハウリングは結果が原因に戻って増幅される典型的な「正のフィードバック」の現象です。

自然現象にも、核分裂の連鎖反応のように、結果が原因になってループしながら増幅する現象があります。

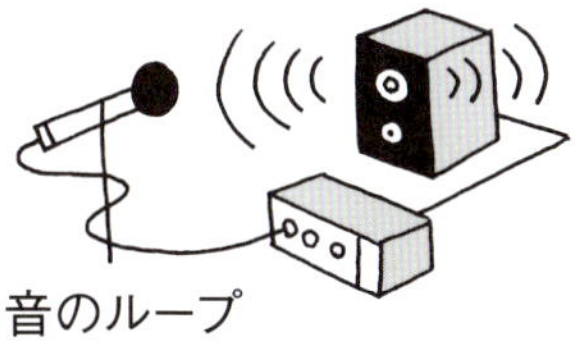

音のループ

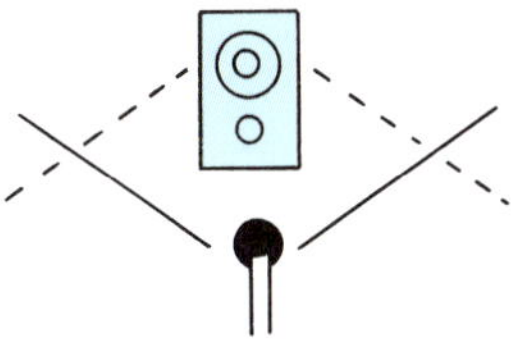

指向性の弱いマイクとスピーカー（ハウリングの危険）

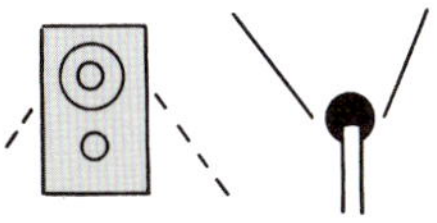

指向性の強いマイクとスピーカー。正しく設置すればハウリングを防げる

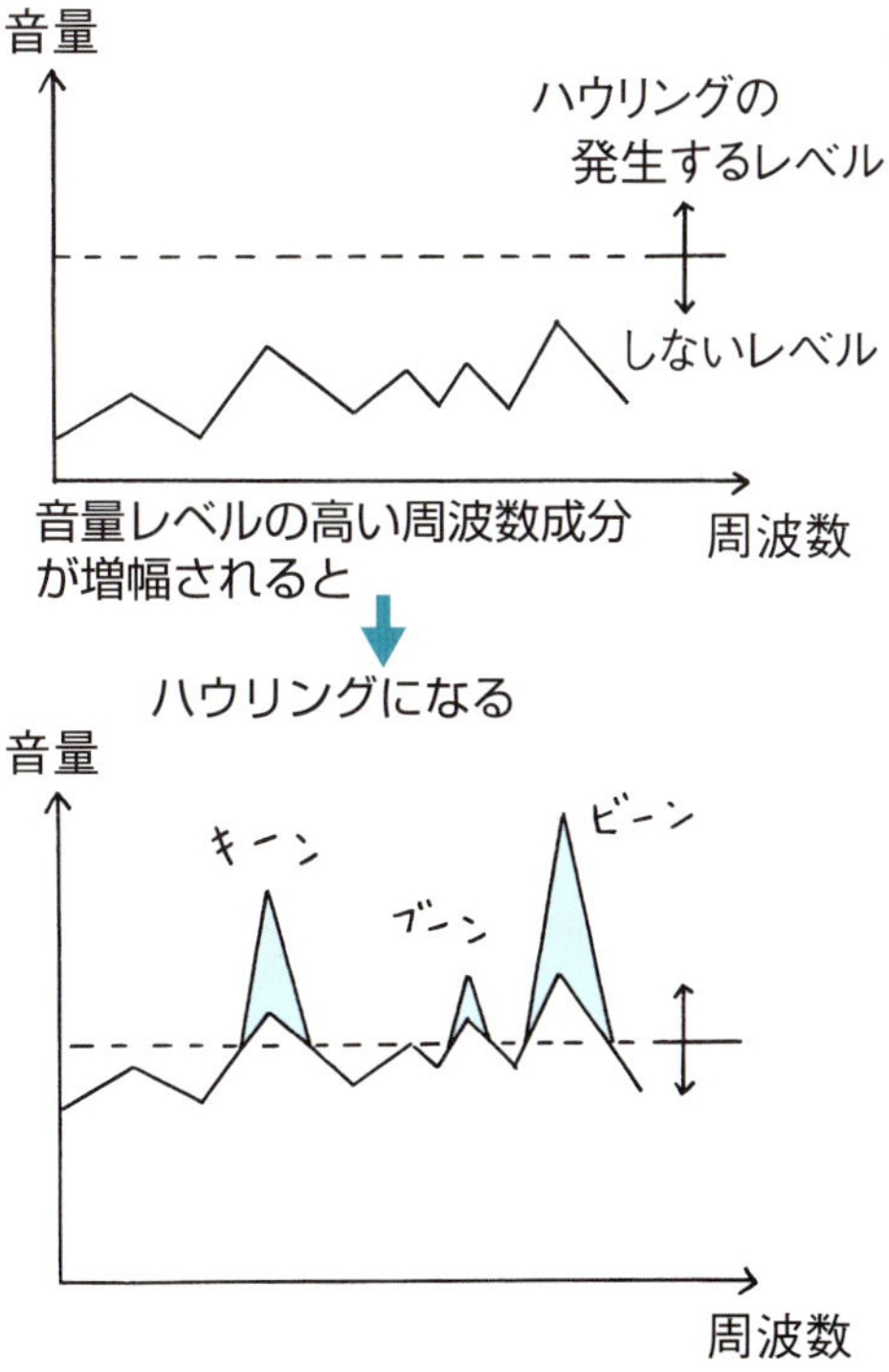

プラスの静電気を生じるモノと、マイナスの静電気を生じるモノがあるのはなぜか？

帯電列

帯電列を見れば見当がつく

静電気はモノとモノがこすれあって、一方がプラスに帯電し、もう一方がマイナスに帯電したときに、お互いに引きあう力が働いて起きます。

静電気が起きるときに、その物質がプラス、マイナスのどちらの電気を帯びやすいかは、相手の物質によります。それをわかりやすく表したのが「帯電列」というものです。

物質をミクロの目で見ると、プラスの電気を帯びた原子核のまわりをマイナスの電子が分布しています。ですから、プラスになりやすいというのは、電子を離しやすいということ、マイナスになりやすいというのは、電子を受け取りやすいということです。

プラスになりやすい物質から順に、マイナスになりやすいものまで並べると、図のように、ウール、ナイロン、絹、木綿、人の皮膚、ポリエステル、アクリル、ポリ塩化ビニールなどという順になっています。

ポイントは、帯電列で離れた順番にあるモノ同士ほど、蓄えるプラスとマイナスの差が大きいので、強く引きあって静電気が起きやすくなります。例えば、ポリエステルの下着には、木綿のセーターよりもウールのセーターのほうがくっつきやすいのは、このためです。

また、プラスになるかマイナスになるかは相手次第なので、ポリエステルはウールとくっつくときはマイナスになりますが、ポリ塩化ビニルとくっつくときはプラスになります。

ではなぜ、モノによって電子の離しやすさに違いがあるのでしょうか？ それは、大ざっぱにいえば、物質によって、原子に電子をつなぎとめておく強さが違うためです。

〈帯電列〉

→ ⊕に帯電しやすい
- 人毛・毛皮
- ガラス
- ウール
- ナイロン
- 鉛
- 絹
- 木綿
- 麻
- 人の皮膚
- アルミニウム
- 紙
- 銅
- ニッケル
- ゴム
- ポリプロピレン
- ポリエステル・PET
- アクリル
- ポリウレタン
- ポリエチレン
- ポリ塩化ビニール
- シリコン
- テフロン

← ⊖に帯電しやすい

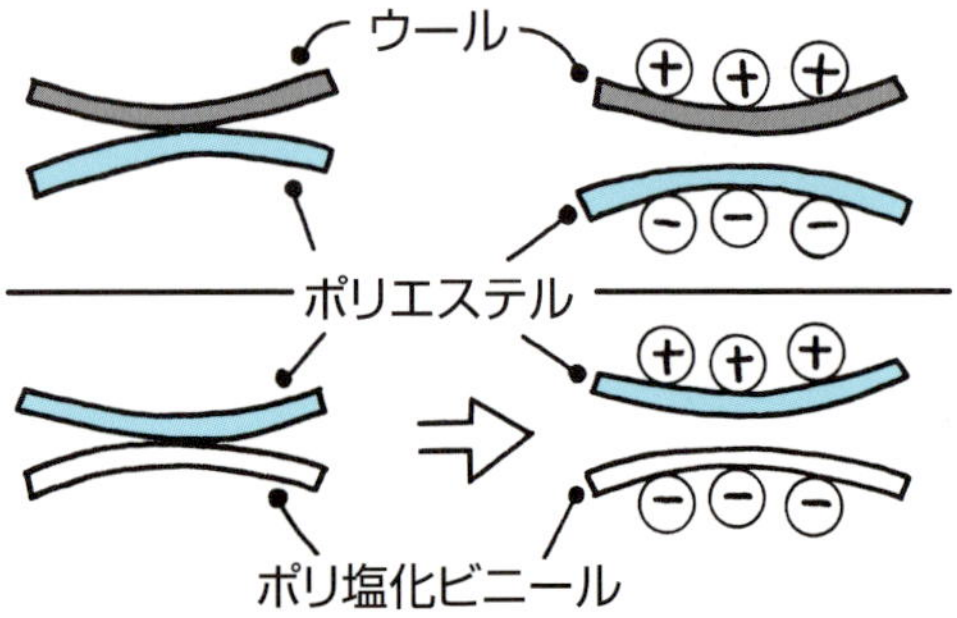

「セント・エルモの火」の正体は何なのか？

グロー放電

青白く光る不思議な火の正体

昔、ローマの兵士が長い槍《やり》を立てて行進していたら、突然その槍の先に青白い火がともったという伝説があります。

また、教会の塔の先端に火が見えたという話や、嵐の海で船乗りがマストの先端が青白く光ったのを目撃したという話もあります。

昔のヨーロッパでは、この現象を、聖エルモという聖者が人々を守っているしるし、あるいは不吉な前兆とし、「セント・エルモの火」と呼びました。

近世になって、ドイツの物理学者が山の上で研究した結果、その正体は、雷雲が近づいたときに地面側から部分的に放電する、「グロー放電」という、いわば雷に至らない小さな放電だということをつきとめました。

セント・エルモの火のしくみ

上空に強い雷雲がきているときに、地面から空に向かって先端のとがったものがある場合、完全な火花放電には至らなくても、部分的な放電（グロー放電）が起きます。

なぜかというと、とがったものの先は、局部的に電界が強く、上空の雷雲内に生じた電気と先端に集まった逆の極性の電気との間で放電が起きやすい状態になっているからです。

これとは別に、航空機のパイロットが「セント・エルモの火」と呼んでいる現象もあります。

火山噴火のあとに火山灰の舞う中を航行すると、コックピットの窓に雷のような不気味な光が走るのです。

これは火山灰が電気を帯びているために起きる放電現象ではないかといわれています。

● 一般的な「セント・エルモの火」はグロー放電

パイロットの間で「セント・エルモの火」と呼ばれている現象

ラドン温泉の、「ラドン」とは何か？

放射性元素
Rn

ラドンは放射性の気体

山間の道などをドライブしていると、突然「ラドン温泉」という看板に遭遇することがあります。

ラドンというのは、元素の1つです。化学の教科書があったら周期律表を眺めてみてください。原子番号86、記号は「Rn」と載っています。常温、1気圧では気体で、すべての気体の中でもっとも重い元素です。

気になるのが「放射性元素」という点です。放射性ラジウムから微量に発生しますが、もともとは、土壌中に含まれるウランやトリウムを起源としているため、地球上で私たちが生活するほとんどの空間に存在しているのです。

ですから、この空気を呼吸により体内に取り込んでいる私たちは、絶えずラドンによる被ばくを受けているわけです。ラドンによる被ばく線量は医療被ばくを除く自然放射線被ばくのおよそ半分を占めるともいわれています。

ラドンは体にいい？

では、ラドンを吸い込むと生物の体に影響が出るのでしょうか。

過去の研究から、ウラン鉱山など濃度が非常に高い場所での調査で、肺がんの過剰発生が報告されています。

また、ラットを用いた動物実験でも、高濃度では発がん影響があることがわかっています。

しかし、環境中の微量なラドン被ばくの場合は、逆に、体によいという意見もあったりして、よくわからないのが現状です。

例えば放射線医学総合研究所では実験室でラドンを作成し、培養細胞や遺伝子への影響を調べる研究を行っています。

放射性元素の崩壊

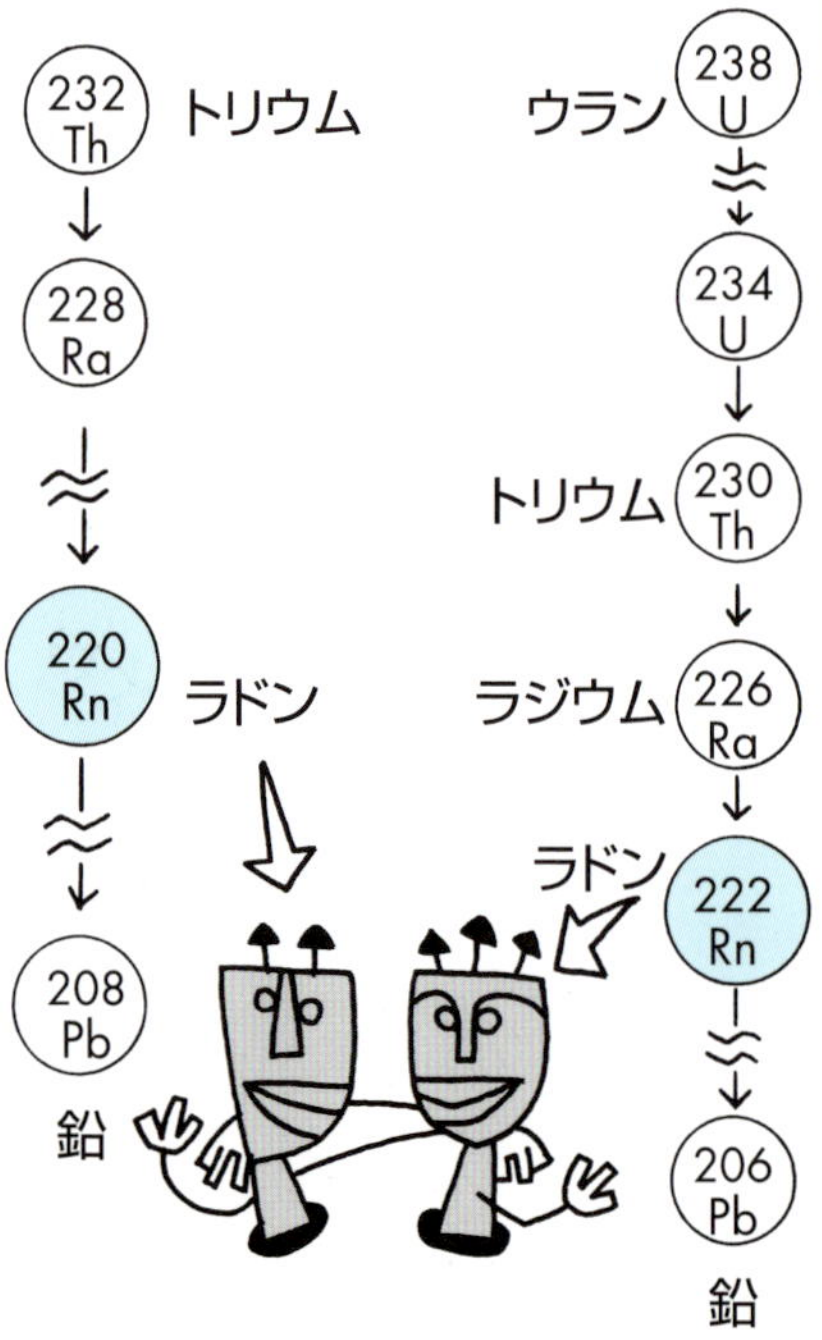

物質の比重

湖の氷は、なぜ表面から張っていくのか？

表面から凍る理由

冬、湖の表面が氷でおおわれると、ワカサギ釣りにやってきた釣り人で賑わいますね。

氷の上からワカサギが釣れるということは、湖が凍っているのは表面だけで、氷の下は水のまま、魚が泳いでいるということです。

実際、水が凍るときには、湖に限らず、海でも冷凍庫の中でも表面から凍るのです。

これは、同じ体積なら、水より氷のほうが軽い（比重が小さい）ということが原因です。もしも、水よりも氷のほうが重かったら、表面で凍り始めた氷は次々と下降し、どんどん湖底に降り積もり、やがては湖は氷で埋め尽くされるでしょう。

逆にサラダ油やハチミツは、下から凍ります。寒いキッチンで、このような現象が見られますね。固体のほうが液体よりも重いためです。

幸いなことに、氷が水に浮くためにワカサギも湖に住むことができ、また氷の層が冷たい外気をさえぎり、保温カバーの役目をはたすので、氷の下は0℃よりも少し温かい水温に保たれます。

なぜ氷が水に浮くのか？

サラダ油やハチミツでは液体より固体のほうが重い（比重が大きい）と書きましたが、世の中の物質はそれがふつうで、水が例外なのです。

実験によると、同じ体積の水を比べた場合に一番重い、つまり密度が高い温度は、約4℃のときで0・99997グラム（1立方センチ当たり）。これに対して0℃の氷は0・917グラム（同）です。

氷が水よりも密度が低い理由は、氷の結晶構造がすきまの多い構造になっているためです。

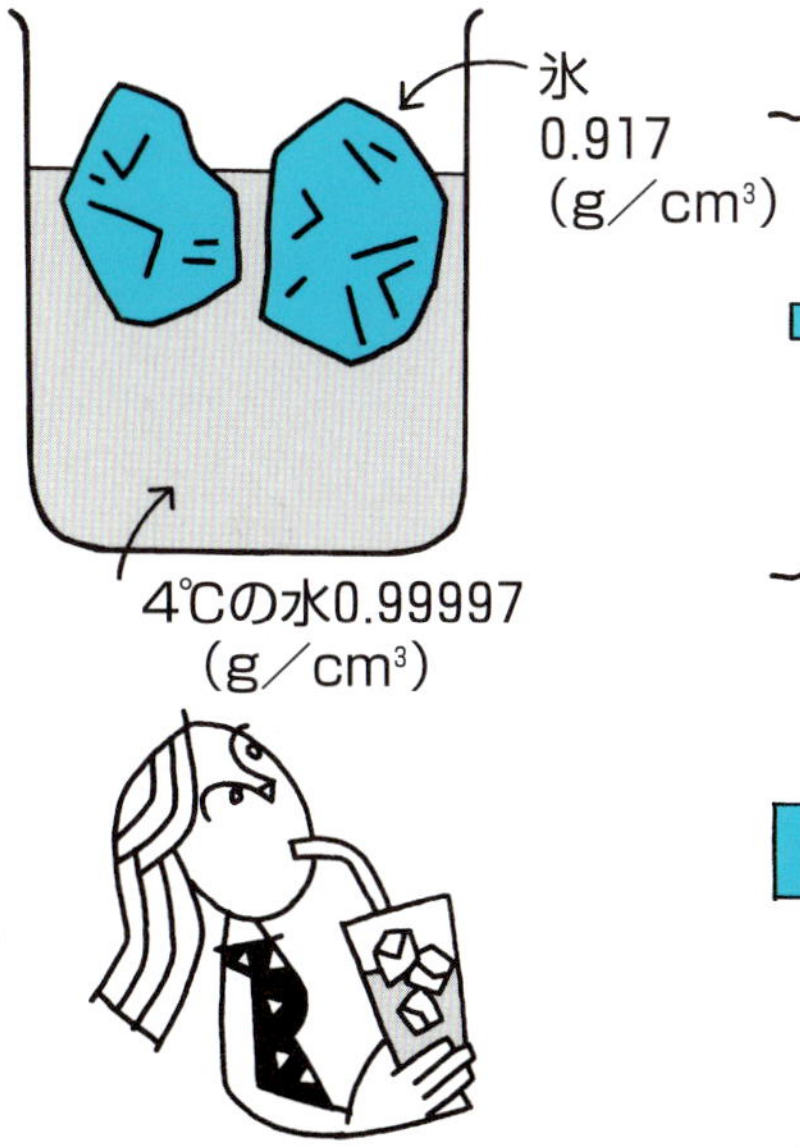

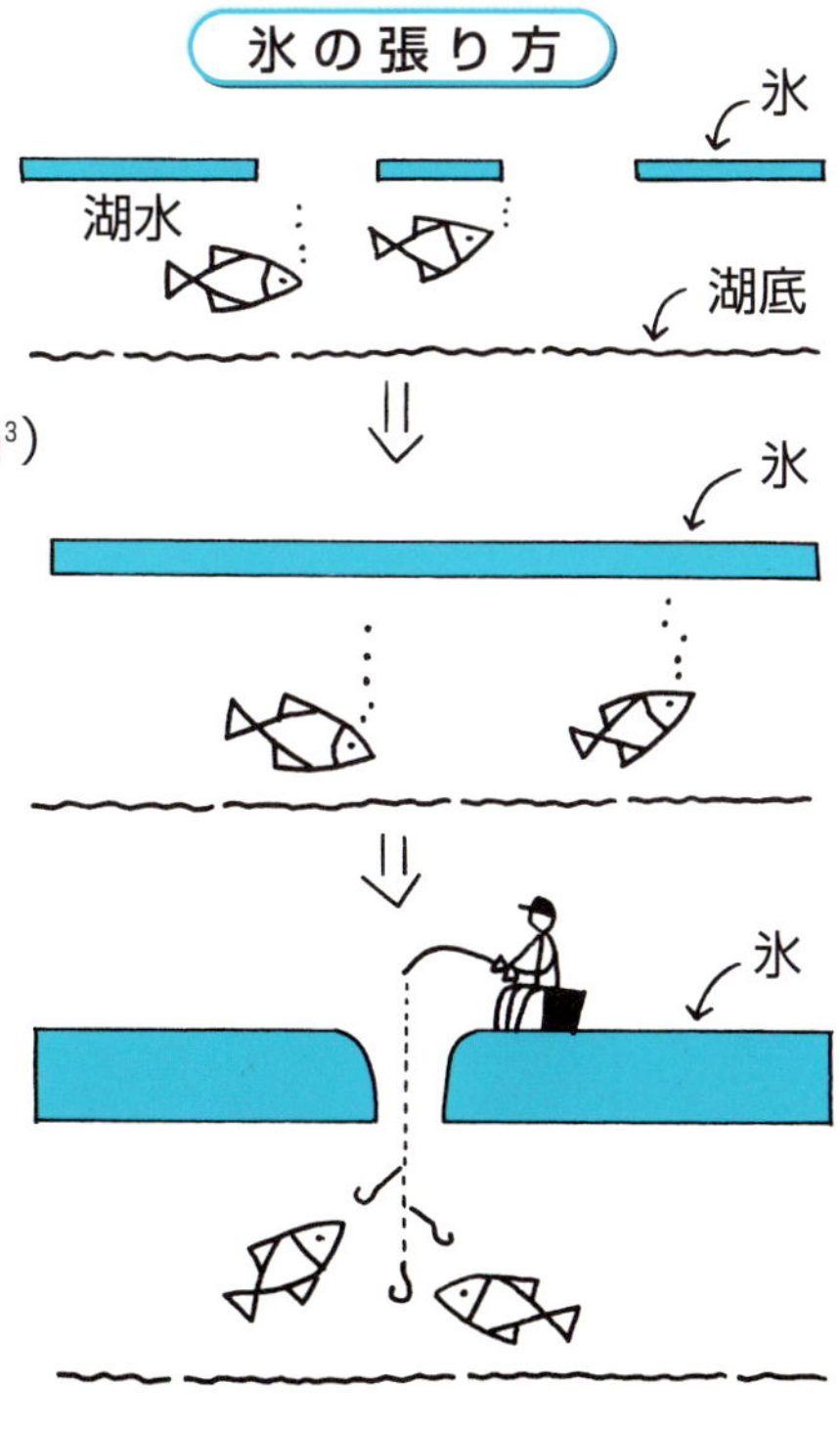

雪の結晶はなぜ六角形なのか?

結晶成長

六角形のカギは水分子にあり

雪の結晶といってまず思い浮かべるのは、車輪型の六角形のきれいな形でしょう。でもなぜ、雪の結晶は六角形なのでしょう?

そのカギは水分子にあります。水分子は液体や気体のときには、1つの酸素原子の両側に2つの水素原子がくっついた形をしていて、分子同士が飛び回り、ぶつかったりはね返ったりしながら振動しています。

ところが温度が下がっていくと動きが鈍くなり、分子の間に働く電気の力にとらえられて、ついにはお互いに固定されます。これが氷です。

氷の構造をさらにミクロの目で見てみましょう。弱い電気の力（水素結合といいます）で、酸素が隣の水素とも引きあって、立体的な六角形の規則正しい基本構造を形作ります。

雪の結晶は、この氷の構造の応用です。平面的な六角形の結晶は、空気中の小さなチリを芯にしてできた平面的な氷の六角形の角に、次々と水分子が付加しながら、成長していったものと考えられています。

問題なのは、分子レベルではこのようなシンプルなルールにもかかわらず、どうして雪の結晶となると、2つとして同じ形のない、複雑でバランスのとれたバリエーションになるのかということです。

「雪の結晶は天から送られた手紙」

この難問に初めて本格的に取り組んだのが、中谷宇吉郎《なかやうきちろう》（1900〜1962）で、人工雪の実験から次のことを推測しました。

上空でできた雪の核が落ちるとき、膨大な数の水分子が少しずつくっつきながら、雪の結晶が成長しますが、途中で遭遇する湿度、温度の違いが、いろいろな結晶の形を作るのだろうということです。

そこで彼は、雪の結晶を見れば、逆に上空の気象状況を知らせてくれるはずだと考え、著書の中で「雪の結晶は天から送られた手紙」と表現したのは有名です。

文様になった雪の華

さて、六角形の雪の結晶に興味をもった人物は、中谷宇吉郎よりも前に少なくとも3人います。

ヨーロッパでは惑星運動の法則を発見したことで有名なケプラーと、哲学者デカルトがそれぞれ17世紀に雪の結晶が六角形であることに気づいています。

さらに、日本ではもっと本格的に、江戸時代末期に20年間も雪の結晶を観察した人物がいます。古河藩（現在の茨城県）の藩主だった土井利位《どいとしつら》というお殿様です。

彼は顕微鏡で観察した86種の雪の結晶を、『雪華図説《せっかずせつ》』という図鑑にして、1832年に刊行しました。

雪の結晶を「雪華」と名づけ、彼が描いた「雪華」は大変美しく、文様としても高く評価され、「大炊模様《おおいもよう》」という名前で江戸庶民の間で流行したということです。

結晶成長学への発展

雪の結晶がどうしていろいろな形になるのかを理解しようという好奇心は、「結晶成長学」という、最先端の物理学のテーマに発展しました。

この学問は、ルビーや水晶などの人工結晶作りに役立ったほか、高純度の半導体結晶を作るための技術として半導体工業で利用されました。

また、人間や機械の手では不可能な微細なものを、条件を整えさえすれば自然に作り出すことができる「ナノテクノロジー」のかなめともなっています。

雪の結晶はなぜ六角形なのか？

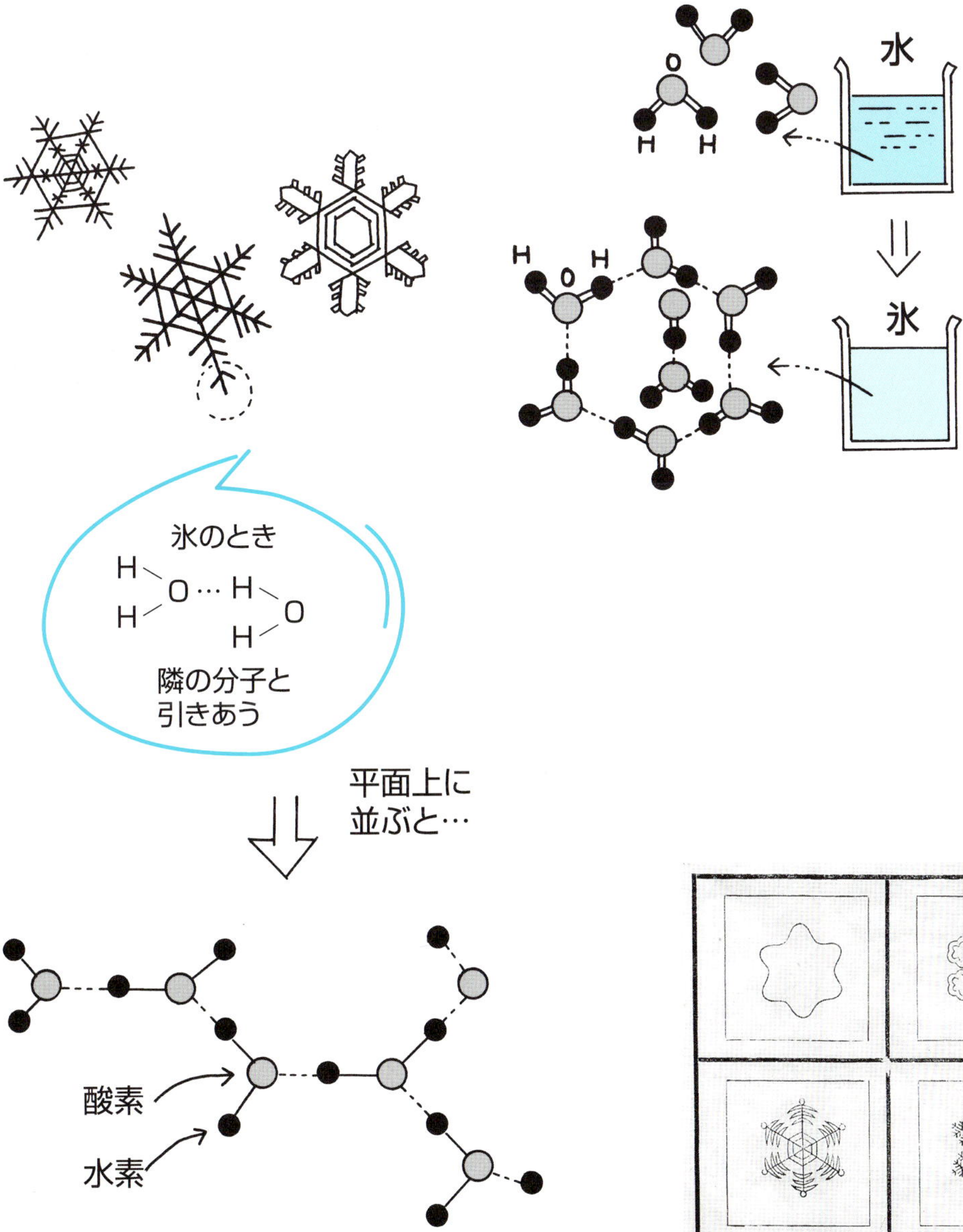

こういう水分子の並び方が六角形の
雪の結晶のもとになっているらしい

『雪華図説』より
（古河歴史博物館所蔵）

氷が指にくっついてしまうのはどうしてか？

熱伝導

湿っている指と乾いた指

冷凍庫で作った氷を素手でもつと、指にくっついてしまうことがありますが、なぜでしょうか。

氷が指にくっつくのは、少し指が水で湿っているときです。

冷凍庫から出したばかりの氷は、マイナス20度近くまで冷えていますので、氷が指の表面についている水を凍らせてしまったため、くっついたのです。

ですが指は温かいので、すぐに氷が溶け、氷ははずれます。

では、指がすごく水で濡れている場合はどうでしょうか。水が多すぎると完全に凍りつかせることが難しくなりますから、室温のもとではくっつきません。

また、指が全く乾いているときには、氷と指との間の氷がどんどん溶けていく一方で、凍りつくことがありません。乾いた指で氷をさわっているうちに指の熱によって氷の表面温度が上がるからなのでしょう。

製氷皿に指がくっつきやすい理由

冷凍庫から出した氷をすぐに水洗いすると、くっつかなくなりますが、これも氷の表面温度が上がったためです。

氷が指にくっつきやすいかどうかは、氷の温度と手の湿り具合、氷に不純物がどの程度含まれているか、手に不純物がついているかにも影響されるようです。

ところで、氷よりもアルミニウムの製氷皿が、もっと手にくっついて困ったという経験はありませんか。

この理由は、アルミニウムは氷よりも熱伝導率が大きい、つまり1秒間に流れる熱の量が多いので、指先からすばやく熱を奪って、すぐに凍りついてしまうからです。

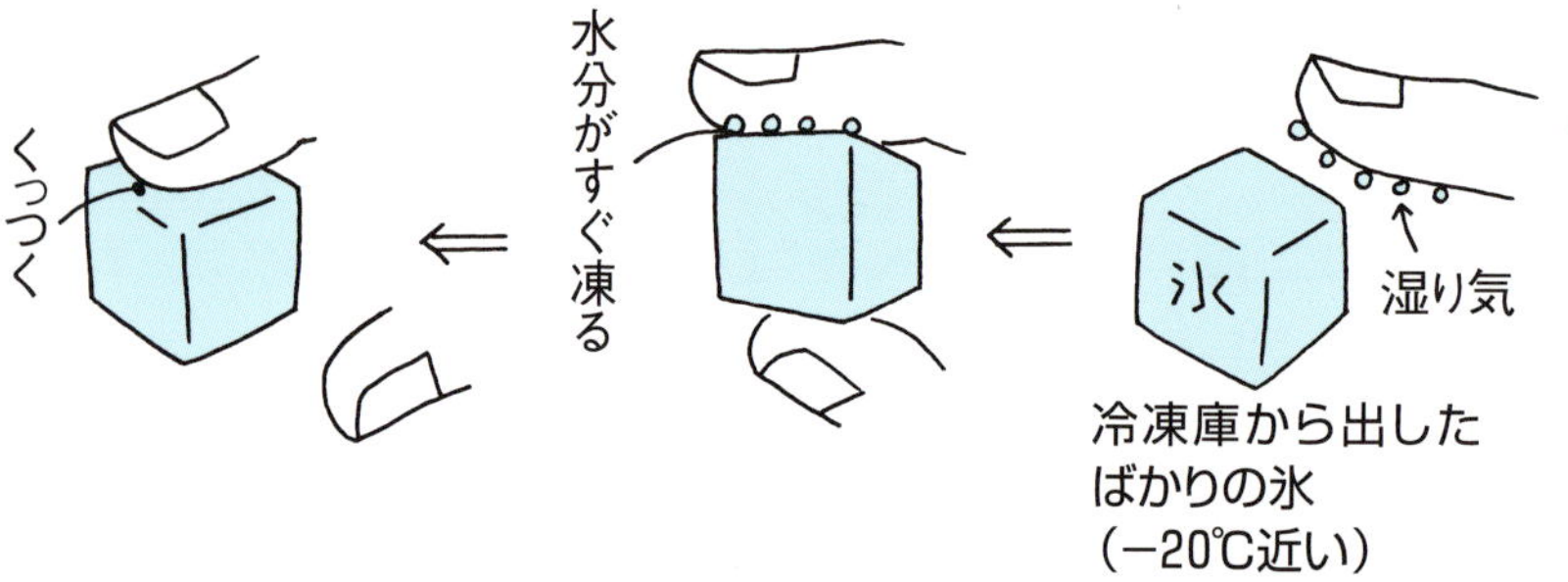

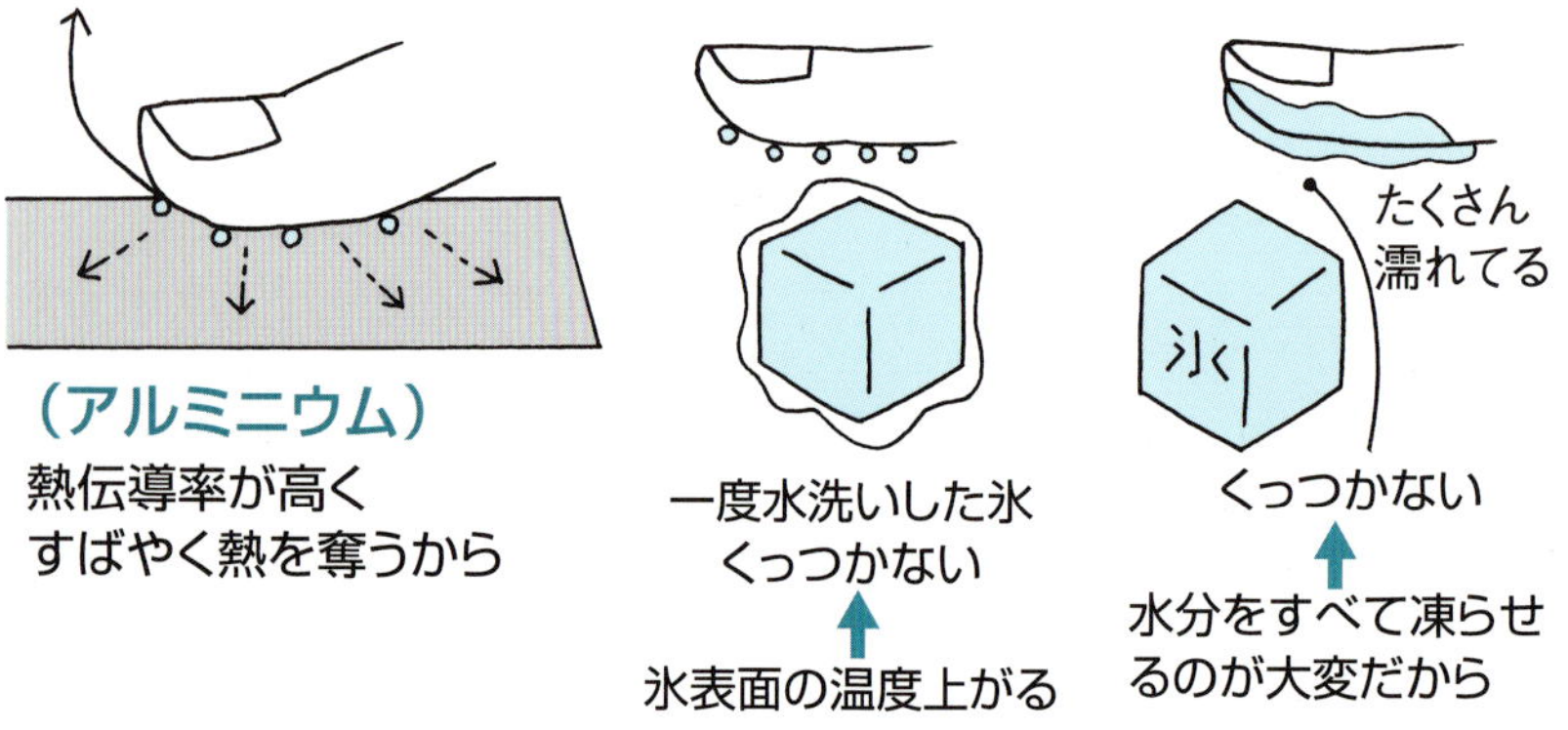

表面張力の正体とは？

分子間力

表面張力のしくみ

コップになみなみと水を注ぎ、さらに限界に挑戦すると、コップの口よりも少し水が盛り上がって、こぼれません。

これがもっとも簡単に表面張力を見て確かめることができる実験でしょう。

液体の表面張力が起きるしくみは、分子同士に働く「分子間力」という力が原因です。

この分子間力は、分子同士がお互いに引っ張りあう力です。液体の内部では上下左右からほぼ均等に引っ張られます。

しかし、表面では左右と下には引っ張られますが、上には分子がないので引っ張られません。ですので、下向きに引っ張られる力が残り、結果として液体は表面をなるべく小さくしようとするのです。これが表面張力の正体です。

水は特別に表面張力が大きい

表面張力の大きい液体ほど、より多い量の液体がひとまとまりになることができるため、表面張力の効果を見ることができます。

その代表例が「水」です。実は、常温で液体であるすべての物質の中で、金属の水銀をのぞくと、もっとも表面張力が大きいのが、水なのです。

コップの水の現象以外に、水道の蛇口からポタリと落ちる水滴の丸い形も表面張力の現れです。

また、アメンボが水の上を歩くことができるのも、水面に針をそっと置くことができるのも表面張力。

植物が地下から地上100メートル以上も重力に逆らって水を吸い上げることができるのも、水の表面張力が大きいおかげです。

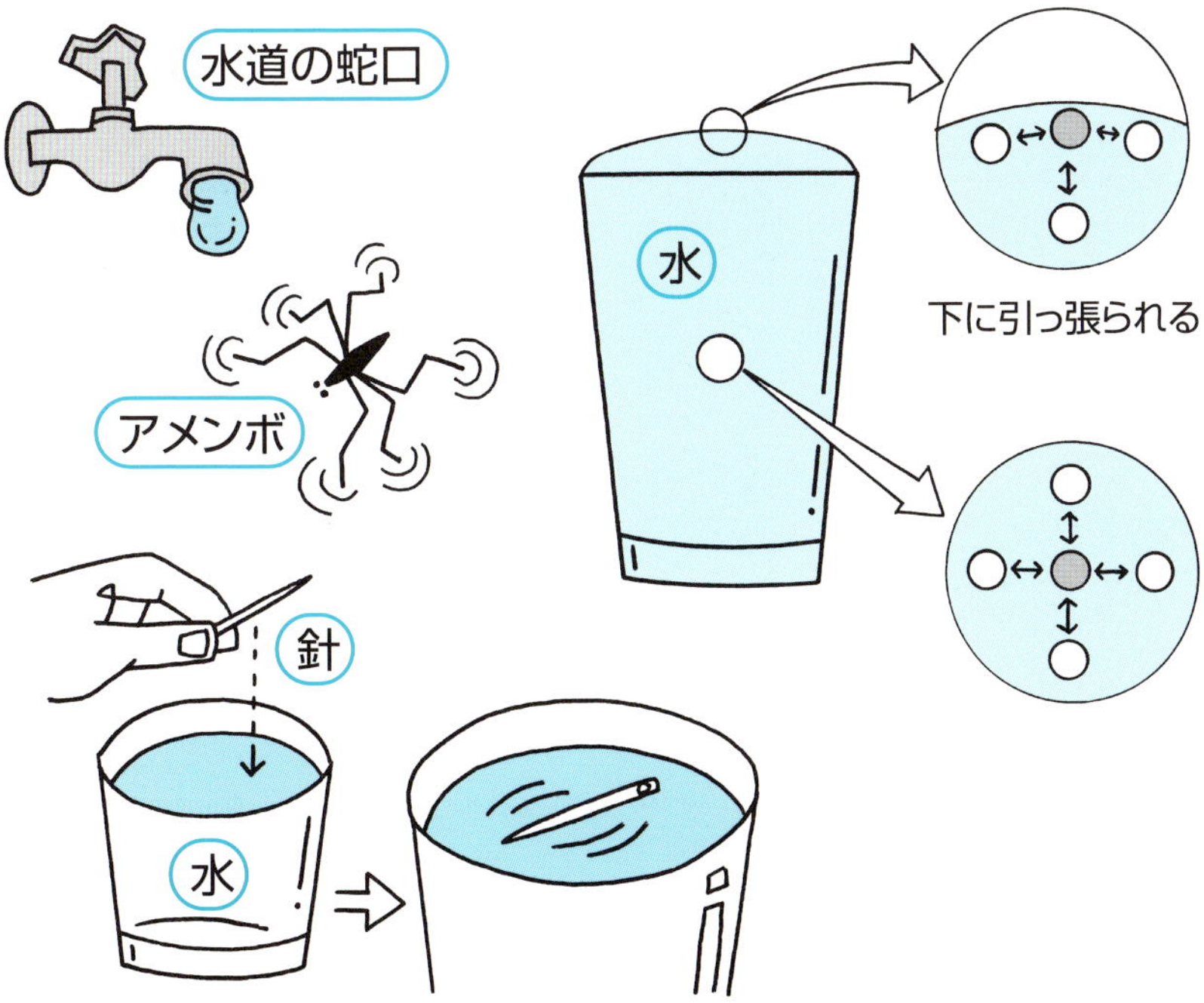

物理な Column 3

どんなにがんばっても透視が不可能な理由

透視メガネは欲しいですか

ずいぶん前に、通信販売で「透視メガネ」というのを売っていました。こんなものを使っていったい何を見るのかと思ったら、男性の考えることはだいたいくだらないんですね。

このメガネをかけると、洋服を着た女性のハダカが透けて見えると書かれていました（悪用厳禁とか注意書がありましたが、悪用以外何に使えるのかいな）。

もちろん、そんなメガネがあったらアメリカの国防総省やCIAが飛びついてくるでしょうが、まあ、そんなものは存在しないわけです。

物質を透過するもので知られているのはX線ですが、これは相手に照射して肉や骨に当たって写し取るものですから、仮にそういうメガネができても、結局ガイコツしか見えないということです。

つまり「透過」であって「透視」はできない、ということです。

透視能力者が金儲けできないわけ

さて、そんなメガネなど必要ないかもしれない人々がいます。それは、「透視能力」をもった人たちです。一番よくやっているのは、目隠しをして目の前にある紙に書かれている文字を当てる、というものです。

目隠しをして文字がわかるくらいなら、その能力を利用してカジノで巨万の富を築けるでしょうに……。実際、そういう話は聞きません。

モノが見えるしくみというのは、すごく簡単にいいますと、まず光を感じる「視覚冠状体」という組織があって、それが光を感じてレンズに伝わり、レンズを通して形状が脳に伝達され、モノを認知するのです。

ですから、目隠ししちゃったら、「視覚冠状体」も「レンズ」もないのですから、どだい無理なのです。

第4部

地球と宇宙の迷宮は、物理が答えを知っている

南極と北極が入れ替わることがあるのだろうか?

地球磁場の逆転

南極と北極が入れ替わるって?

それがあるのです。

じゃあ、日本が南半球に移動してオーストラリアは北半球になる? 日本から南十字星が見えるようになるの? ってそうではありません。

北極は方位磁針のN極が指す方向、南極はS極が指す方向ですね。「南極と北極が入れ替わる」といっているのは、方位磁針が指し示す方向が変わるということです。

ですから、もし仮に、南極と北極が完全に入れ替わってしまったとしたら、方位磁針のS極が北を指し、N極が南を指すようになるということです。このような現象を「地球磁場の逆転」と呼んでいます。

渡り鳥が迷子になる?

では、どうしてこのようなことが起きるのでしょうか。地球は大ざっぱにいって、1つの大きな電磁石と見ることができます。地球内部の外《がい》核《かく》というところで、ドロドロに溶けた鉄など、電気を通すものが動くことで電流が流れて、「右ねじの法則」で磁界ができると考えられています。

ですから、何らかの原因で、その流れが変わるときには、磁界が弱まって、やがて向きが変化します。

でも、渡り鳥が迷子になる心配はありません。

溶岩や海底などに刻まれた昔の磁気の記録によると、過去に磁場逆転は数十万年に1回と、ゆっくり起きたことがわかっています。

そのほかに、「磁場移動」という現象もあって、コマの首フリ運動のように磁極が移動しています。この数億年の間に、北極が北アメリカ大陸から赤道、日本を通り、今の北極へと動いたのだそうです。

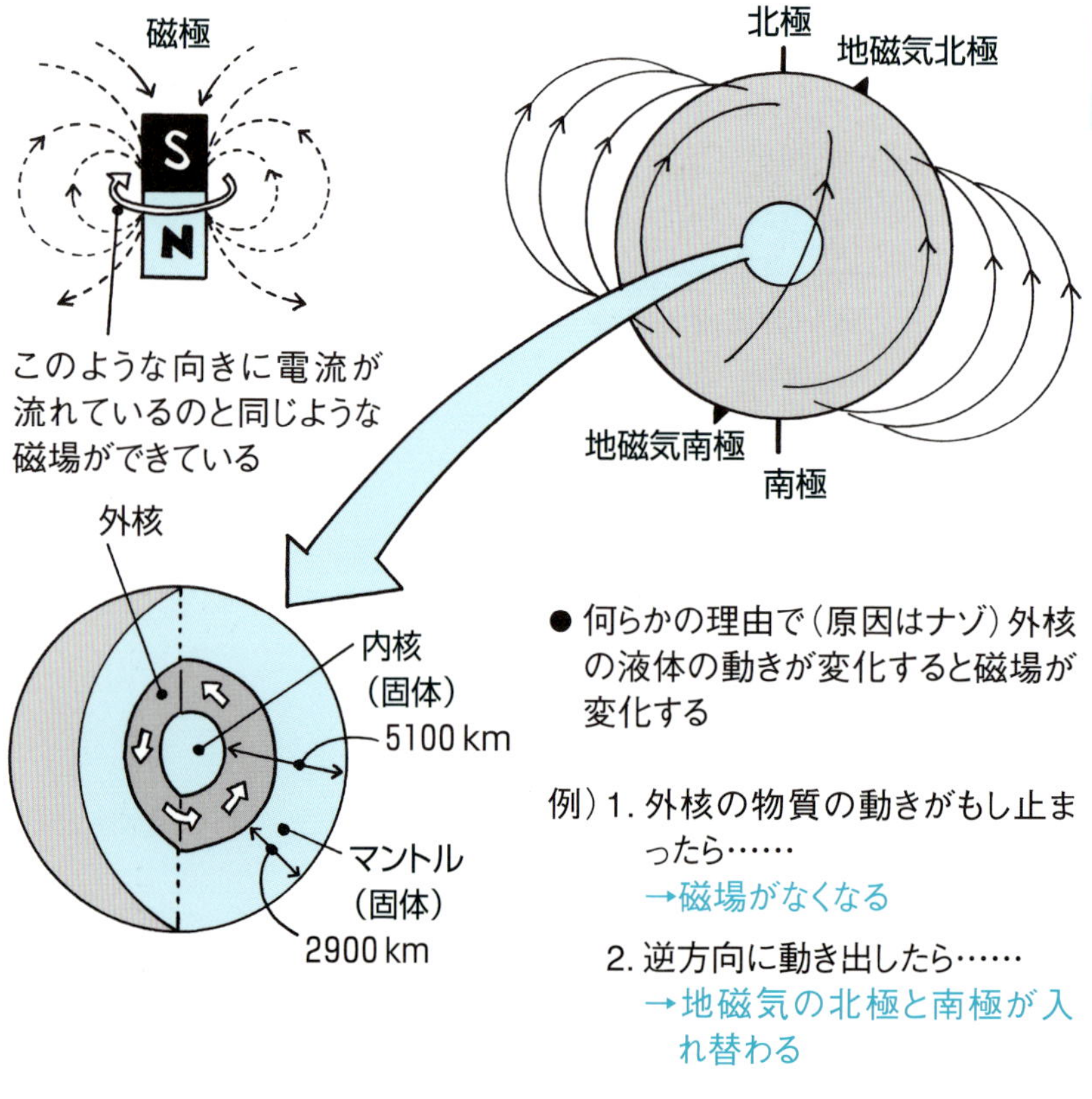

● 何らかの理由で(原因はナゾ)外核の液体の動きが変化すると磁場が変化する
例) 1. 外核の物質の動きがもし止まったら……
→磁場がなくなる
2. 逆方向に動き出したら……
→地磁気の北極と南極が入れ替わる

いずれ、ハワイは日本になるというのは本当なのか？

プレートテクトニクス理論

ハワイが日本になる日

本当です。

今こうしている瞬間も、ハワイは日本に向かって移動しています。そして、いずれは日本列島にぶつかって、合体する見込みです。ただし順調にいっても1億年ぐらい先のことです。

ハワイが日本にぶつかるという予言は、ハワイ諸島のカウアイ島と茨城県鹿島との間の距離を4年間にわたって測定した結果、毎年6・5センチメートルずつ接近していることが確かめられた結果です。

鹿島とカウアイ島にある電波望遠鏡を使って、宇宙の果ての星からやってくる電波の到達時間のずれを精密に測ってわかりました。

でも、なぜ日本がハワイに近づいているのではなく、ハワイが日本に近づいているといえるのでしょう？

プレートテクトニクス理論でわかる

理由は、「プレートテクトニクス理論」です。

この理論では、地球の表面は10数枚のプレートでおおわれ、ひしめきあっていると考えます。そして2つのプレートが集まろうとする場所では、ぶつかって地震が起こり、プレート同士が離れていく場所では、新しい海底が生まれます。

日本列島は、たくさんのプレートがぶつかりあっている場所です。そのため、ハワイ諸島を乗せた太平洋プレートが日本列島に向かって近づいているといえるのです。

ちなみに、既成事実もあります。伊豆半島とその北の丹沢山塊は、もともとフィリピン海プレート上の小さな島だったのが、プレートの北上とともに日本列島にぶつかったということがわかっています。

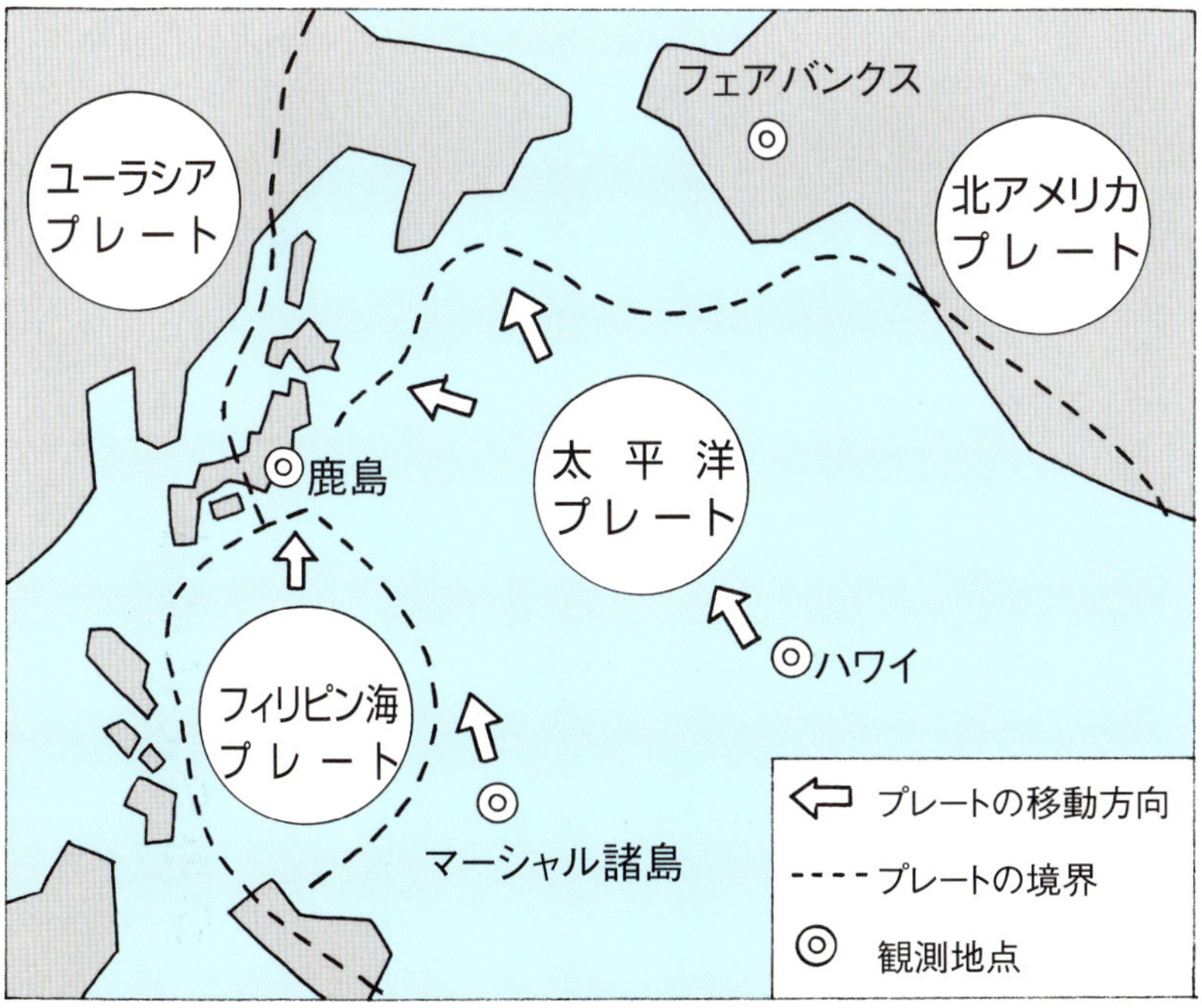

なぜ空と海が青く見え、夕焼けが赤く見えるのか？

光の散乱

空と線香の煙が青いのはなぜ？

透き通るような青空を仰ぐと、あまりの美しさに、こんな疑問が浮かんでくるかもしれませんね。

答えから先にいうと、空が青いのは、空に青い物質があるからではなくて、透明の粒に光が当たって、反射して青く見えるのです。

身近な例では、線香から立ち昇る煙が青っぽく見えるのも同じ現象です。

空と線香の煙では、無関係に思えますが、粒の大きさが光の波長より小さいという共通点があります。

空気中には窒素や酸素などの小さな分子があります。そこに、太陽光がぶつかるとどうなるでしょう？

太陽光は波長の長いほうから順に、赤～橙～黄～緑～青～藍～紫と私たちの目に感じる、連続した波長の光を含んでいます。

これらの光が空気の粒に当たると、赤系統の長い波長の光ほどそのまま通過し、青系統の短い波長の光ほど光が散ってしまう「散乱」という現象が起きます（散乱の強度が波長の4乗に比例する散乱で、レイリー散乱といいます）。

このように光の波長よりも小さい粒に光が当たっても、虹の水滴のように光は屈折しませんが、一部の波長の光が散乱するのです。

空が青く見えるわけ

ですから、私たちが太陽の方向を見ると（目をいためるので太陽を直視しないでください）、青系統の光は散乱されて弱まり、主に青系統以外の色が通過してきますので、その結果、黄色がかったクリーム色っぽい色に見えます。

そのほかの方向は、太陽光が進む方向に対して斜めの方向を見ていることになりますから、太陽からまっすぐにくる光ではなくて、空気中の粒で散乱した青系統の光だけを見ることになり、空が青く見えるというわけです。

朝焼けや夕焼けが赤く見えるわけ

ついでに、明け方や夕方の空が赤く見える理由も説明しておきましょう。

明け方や夕方には、太陽光は大気中の長い道のりを通過してきます。

長い道のりをたどってくるうちに、光が大気の分子にぶつかる確率が増えます。そこで、より多くの青系統の光が、上記のレイリー散乱で、ことごとく散乱して散ってしまうのです。

中間波長の緑系統の光も、同じ理由で青ほどではありませんが、昼間に比べれば多く散乱されます。

その一方で、赤系統の光はあまり散乱されずに通過してきますので、結果として、朝焼けと夕焼けの空は赤いのです。

また、一般に、朝焼けよりも夕焼けのほうが真っ赤になることが多いようです。

理由として、夕方は人間活動などで生じた煙などの大気の汚れで、レイリー散乱が多く起きていることが考えられます。

太平洋側で冬の空が高いのは？

冬の太平洋側の天気で特徴的なのは、湿度が低いことです。ということは、空気中の水蒸気や水滴の量が少ないということです。

水滴や水蒸気に光が当たるとすべての波長が乱反射しますので、全体としては白く見えます。

湿度が低ければ白になる原因が少ないので、冬の太平洋側の空は透明度が増し、高く見えるのです。

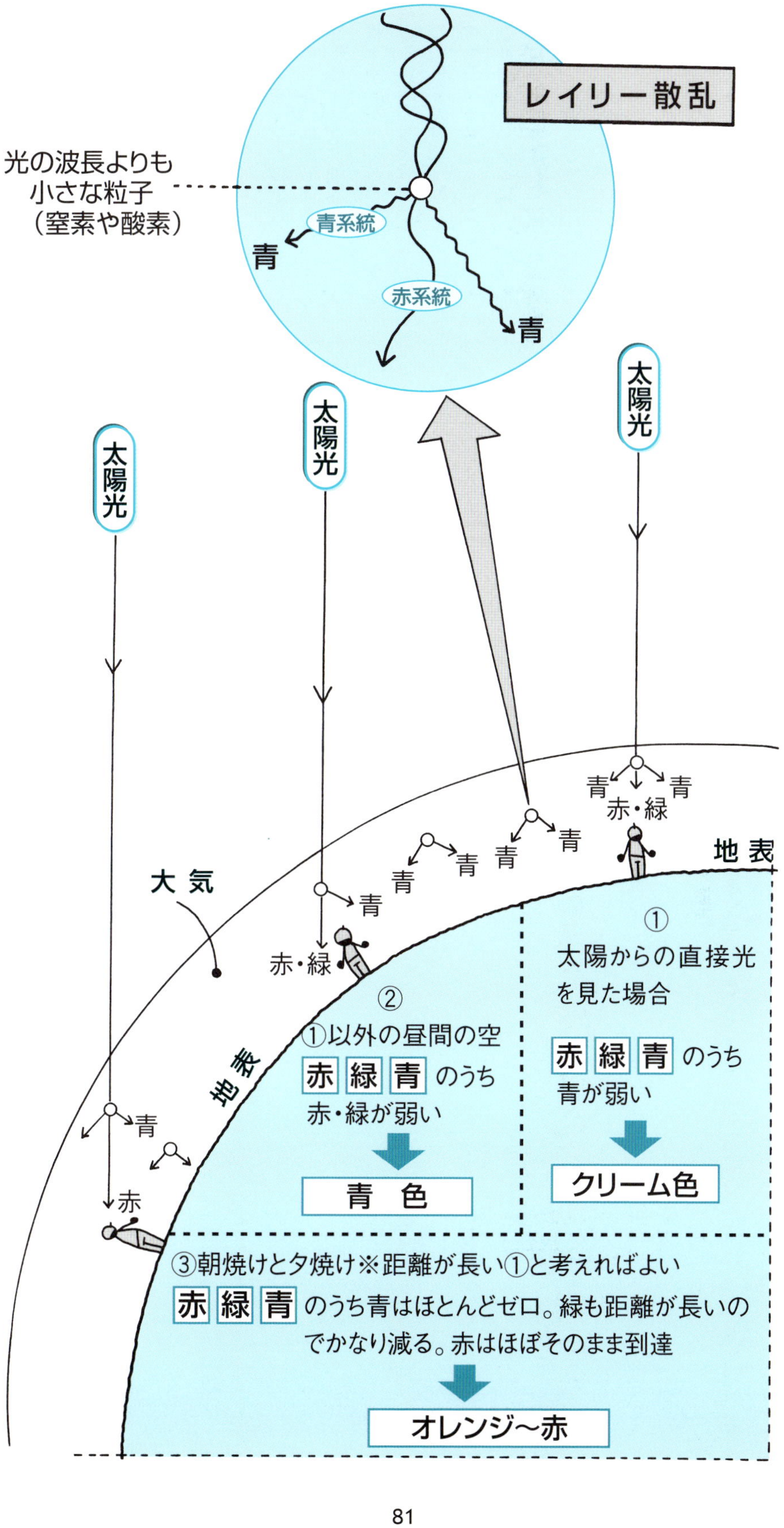

レイリー散乱
光の波長よりも
小さな粒子
（窒素や酸素）
青系統
青
赤系統
青
太陽光
太陽光
太陽光
太陽光
青
青
赤・緑
青
青
青
青
青
青
地表
大気
青
赤・緑
②
①以外の昼間の空
赤 緑 青 のうち
赤・緑が弱い
青 色
①
太陽からの直接光
を見た場合
赤 緑 青 のうち
青が弱い
クリーム色
地表
青
赤
③朝焼けと夕焼け※距離が長い①と考えればよい
赤 緑 青 のうち青はほとんどゼロ。緑も距離が長いのでかなり減る。赤はほぼそのまま到達
オレンジ～赤

海の水はどこも同じ塩辛さなのだろうか？

熱塩循環

塩水の濃度の違いが気候を温暖に

海水は塩辛いですが、その塩辛さは海のどこでも同じでしょうか、それとも違うのでしょうか。

答えからいってしまうと、塩水の塩辛さは海の海域によって違います。

しかもそのおかげで、海が「地球の気候のサーモスタット」（自動的に温度が一定になるように調節する装置）のような働きをするのです。

まず、観測されている全海洋の平均塩分は３・５％ですが、太平洋も大西洋も、大まかにいって緯度20〜30度あたりが３・５〜３・７％と高くなっています。水の蒸発量が多くて、しかも雨が少ないので海水が濃縮されているからです。

逆に、北極、南極とその影響を受ける海域では、氷から溶け出てきた水や雨が多いので、塩分濃度が３・２〜３・４％と低くなっています。

また、塩分のかたよりは、表層だけで、１０００メートル以深の深海では、ほぼ一定の濃度になっています。というのも、塩分の変化は海面と大気の相互作用（雨と蒸発）が原因だからです。

さて、このような塩分のかたよりがどうして「地球のサーモスタット」なのでしょうか。

それは、赤道付近の濃い海水が、極に移動して急に冷やされると、塩分濃度が高いので沈み込み、深層水となってゆっくりと海洋を一周するからです（熱塩《ねつえん》循環と呼びます）。

実際に大西洋のグリーンランド沖と、南極の２か所からスタートし、２０００年かけて一周する循環が見つかっています。ですから塩水のムラのおかげで、低緯度にある水の熱を大量に高緯度に運び、高緯度でも温暖な気候を保つことができるのです。

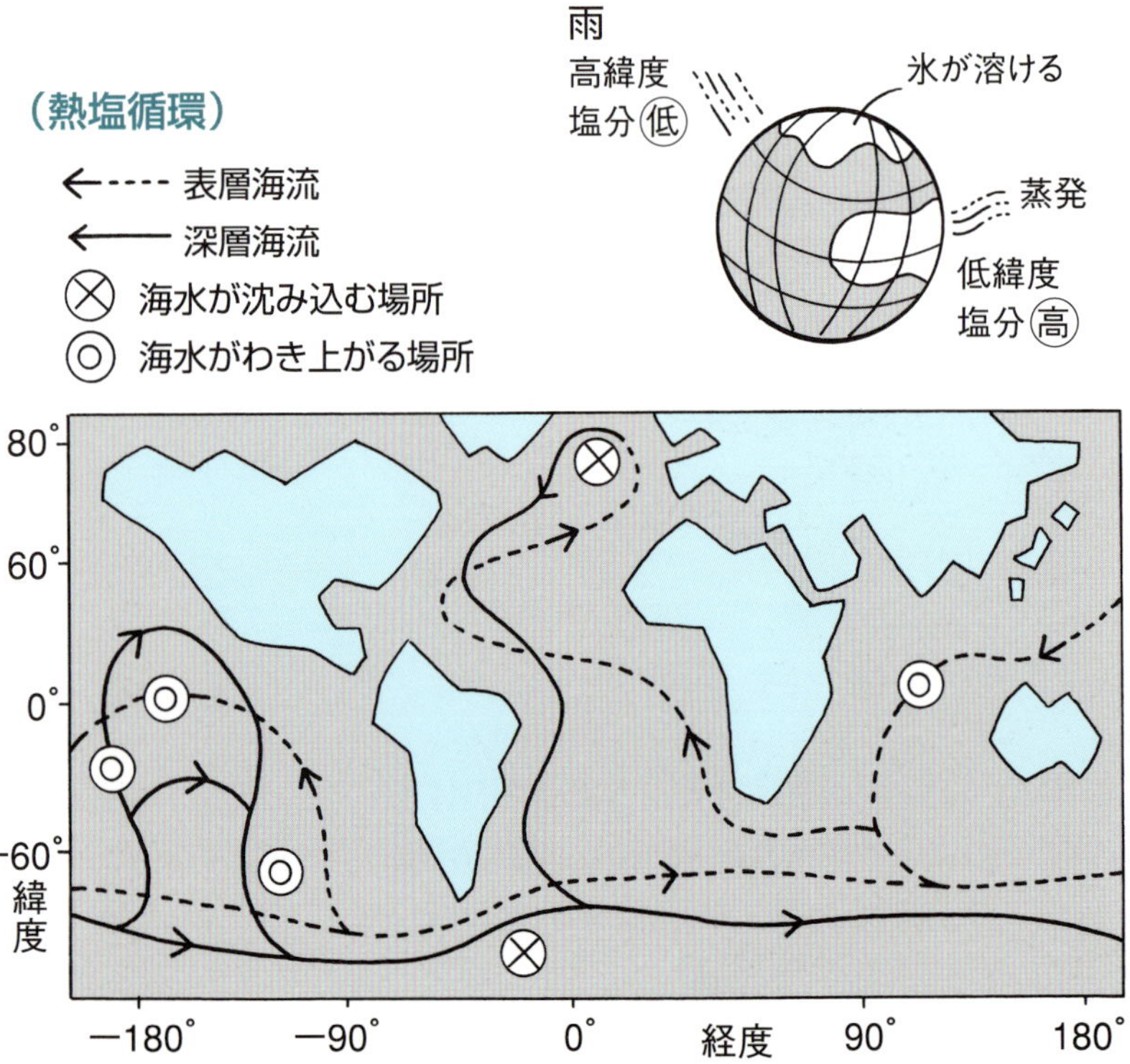

地震は本当に予知できるものなのか？

前兆すべり現象をとらえる

異常な現象をキャッチできるか

「明日午後3時に地震がきますから、外出を控えてください」なんていう時代はくるのでしょうか。

「現在は東海地震だけは予知できる可能性がある」というのが答えで、予知できる可能性があるのは、次の3つの条件がすべてそろった場合に限られます。

①前兆現象を伴うこと

②前兆現象をとらえるための観測・監視体制が震源域の真上に整備されていること

③とらえられた異常な現象が前兆現象であるかどうかを判断するための、「前兆すべりモデル」に基づく基準があること

要するに、大地震の前に発生する異常な現象を、いかにそれとしてキャッチできるかがポイントです。

東海地震のような海溝型の大地震が起きる前には、非常にゆっくり進行する破壊のあとに〝すべり現象〟が始まり、やがて加速的な地震になるシナリオがわかってきています。

24時間体制の観測を続ける

前兆現象をとらえるためには、震源のすぐ近くで24時間体制の観測を続ける必要がありますが、東海地震の震源域は陸上と重なるため、この条件も満たすのです。

それで、東海地震だけは予知できそうだ、というわけです。

地震予知の研究がなかなか進まないのは、そもそも大地震がそう頻繁に起きるものではないため、大地震の発生前後に震源域の近くでどのような現象が生じるのかについて、知識が少なすぎるということが1つの理由です。

やっぱり、いつ起きてもあわてないように備えが必要なんですね。

陸域・沿岸域で発生する地震

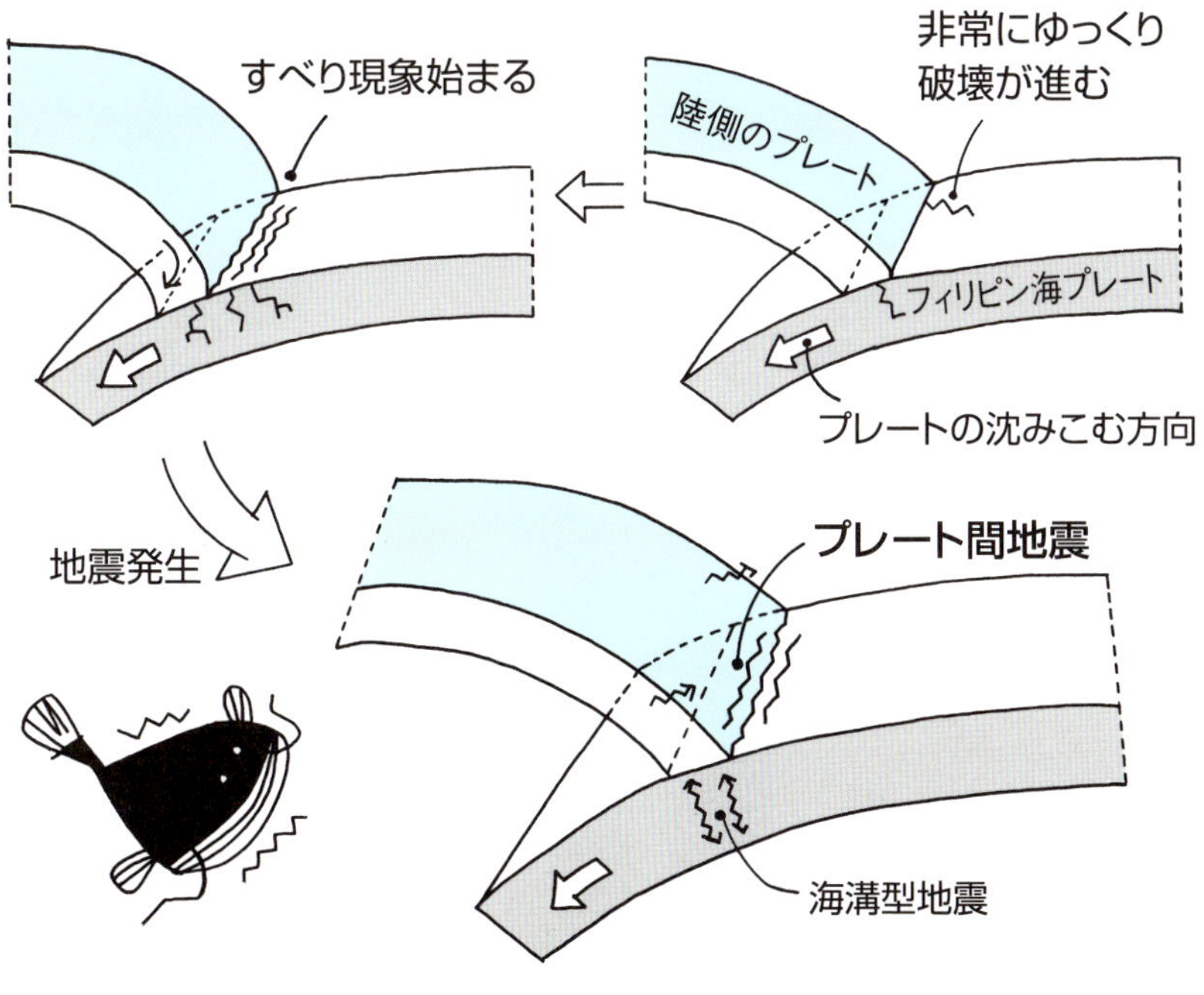

南極にはどうしてたくさんの隕石が落ちているのか？

氷河に運ばれる黒い隕石

隕石が集まってくる地形の秘密

これまでに地球上で見つかった隕石は約3万個あります。

その多くは南極で発見されていて、日本の南極探検隊が採集したものだけで1万6000個以上です。そのため日本は現在、世界一の隕石保有国になっています。アメリカも南極で数多くの隕石を採集しています。

では、どうして南極には隕石がたくさん落ちているのでしょうか？

南極で隕石が見つかる場所は決まっていて、必ず山脈のふもとの内陸側です。

例えば、2か月足らずで3500個もの記録的な隕石採集をした有名な場所は、昭和基地から南南西に約300キロメートルに位置する「やまと山脈」のふもとです。

実は、隕石がそこに集まってくる自然のしくみがあったのです。

南極に落ちた隕石は雪の中で長い間保存され、時間をかけて巨大な氷河と一緒に海に向かって移動します。

やがて氷河が山脈まで到達すると、山脈にせき止められます。そこでは上昇気流が起きているので、氷河が蒸発し、隕石だけがあとに残されるというしくみです。

隕石が特に南極に落ちやすいということはなく、氷の上に黒い隕石が落ちていれば、見つけやすいというのも理由の1つです。

海や森など、ほかのところに落ちた隕石は見つかりにくいのです。そのためでしょう、南極の次に隕石が多く見つかるのは砂漠です。

隕石は太陽系の誕生や、生命進化の鍵を握っている宇宙からのメッセンジャーです。

世界中の研究者が有効利用できるように管理され、貸し出しもされています。

●隕石の集積メカニズム

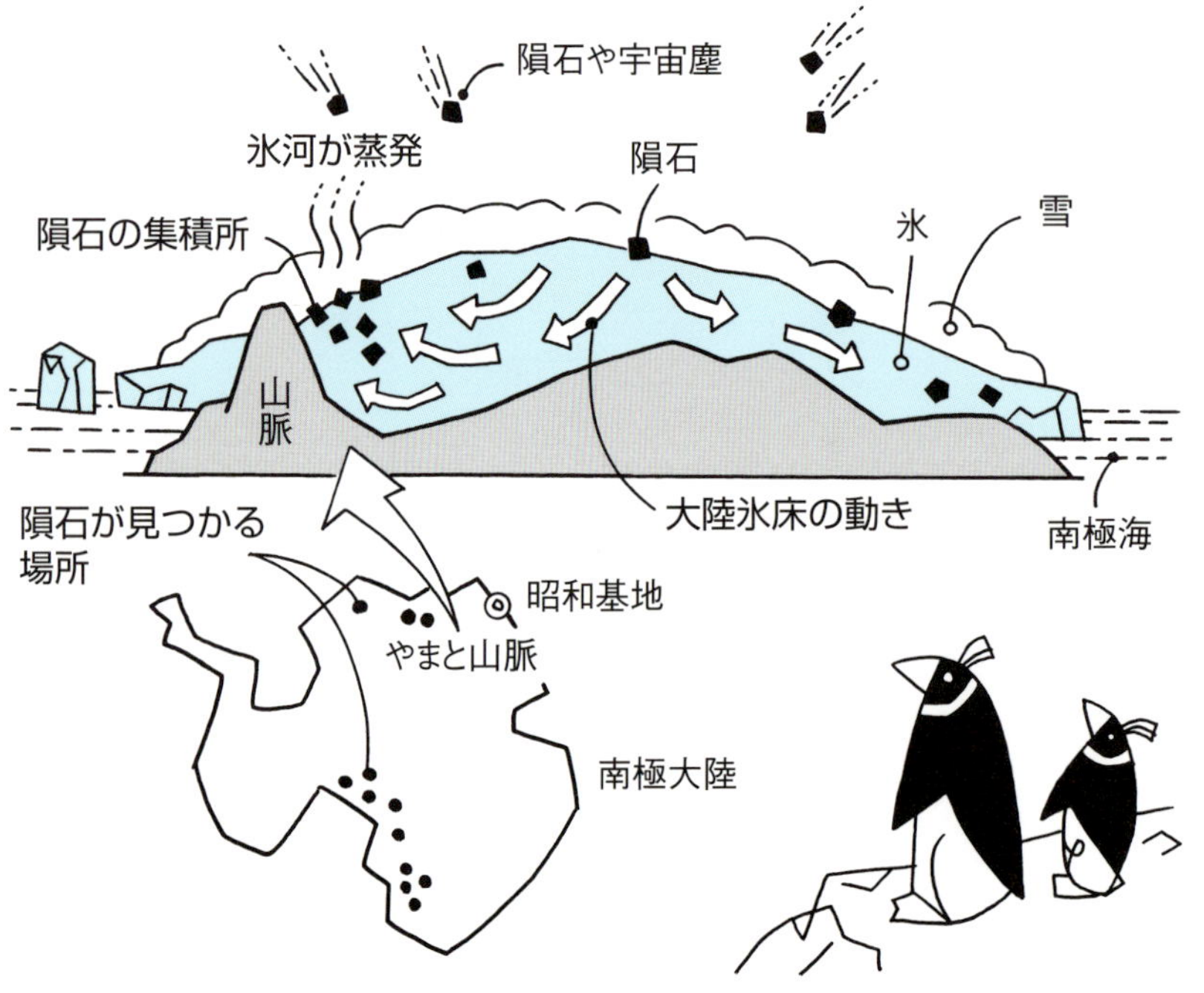

オーロラはどうして起こるのか？

放電現象
磁場の変化

蛍光灯が光るのと同じ放電現象

空の一点から、突然裂けるように光の束が噴き出し、ゆらゆらと光のカーテンになって華麗に舞い続けるオーロラ。どうしてこんなにきれいで不思議なものが、自然現象として存在するのでしょうか。

オーロラの科学は複雑で、未解決の部分もあります。しかしおおよその原理は、太陽から飛んでくる電気を帯びた粒子（電子と陽子）が、地球の大気にぶつかって発光する現象です。この原理は、家庭にある蛍光灯と同じ放電です。

いろいろな不思議

では、なぜオーロラは極地方でしか見られないのか、なぜ様々に色が変わるのか、なぜゆらめくのか。

オーロラは磁極（地球磁場の南北の極）をとりまくドーナツ状のオーロラ帯の下に現れます。この理由は、電気を帯びた粒子が、地球の磁気圏に入って、絡みついたまま加速され、大気にぶつかる場所がこのあたりだから、極地方の決まった場所に出るのです。

色についてはどうでしょう。白っぽい緑の光は、電子が酸素原子に衝突して生じます。同じように青は窒素分子から、赤は酸素原子からというように決まっています。

ですから、オーロラの色が下層から緑、青、紫、赤と層のように見えるのは、大気の成分がおよそそのように分布しているからです。

最後に、なぜオーロラはゆらゆらと揺れるのでしょうか。実はオーロラで電流が発生するのですが、それによって磁場が乱れ、その磁場の変化によって、今度はオーロラを変化させる、という現象が次々に起こるので動くのです。

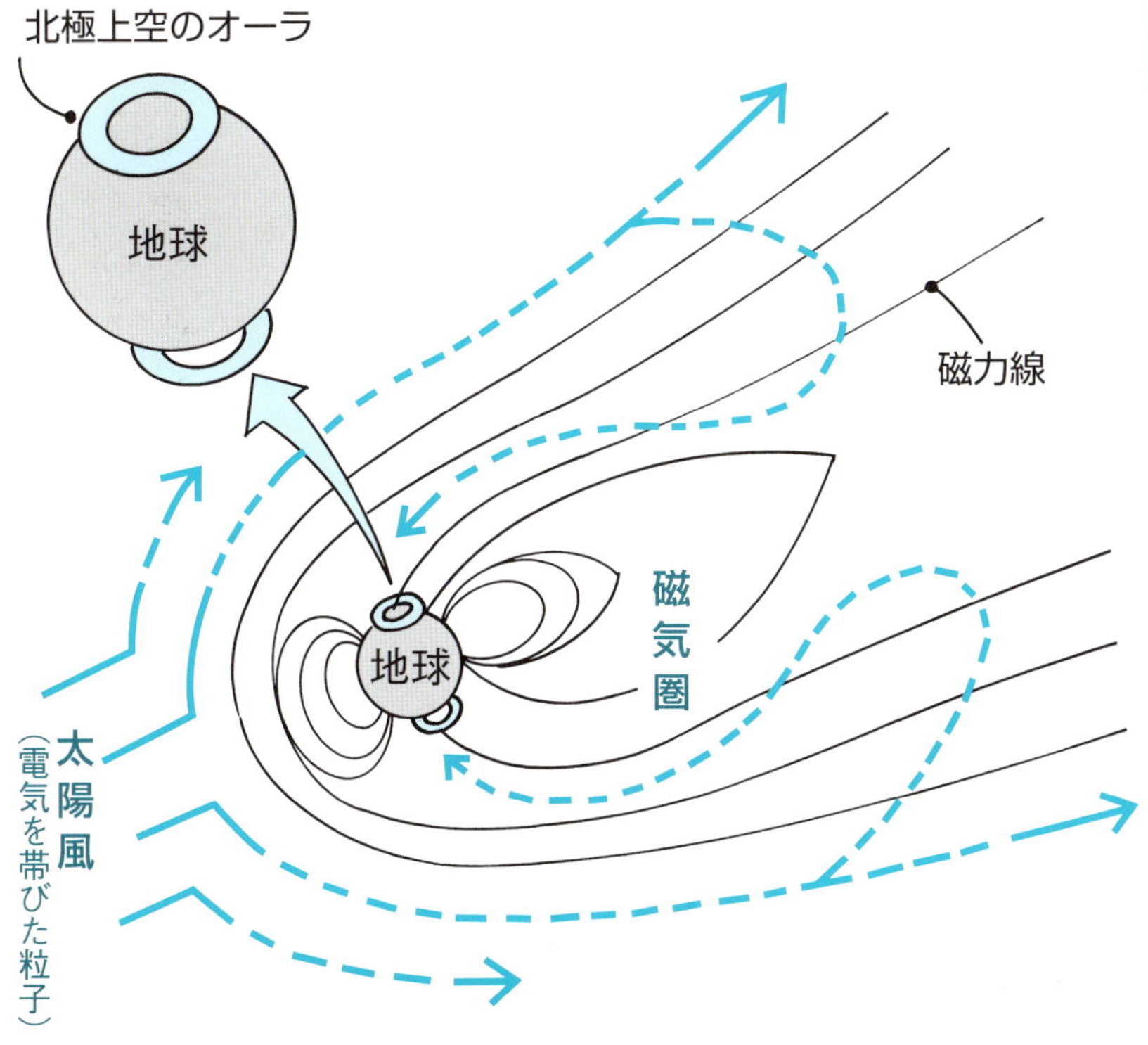

なぜ、地球は自転しているのか？

慣性の法則

地球誕生のときに回り始めた

子どもが大人を困らせる、とっておきの方法を知っていますか。大人が「当たり前だ」と固く信じていることについて、たった3文字、「なんで？」とつければいいのです。たいてい、いきなり難しい問いになってしまいます。

さて、「なぜ地球は自転しているのか」という問いの答えは、定説では、今から46億年前、地球が誕生したときの事件にさかのぼります。

その頃の地球は、岩石や小さめの惑星とぶつかりながら育っている真っ最中です。

もしも衝突が真正面だけからだけだったら、回転など生まれませんが、衝突は、むしろ行き当たりばったりで、地球の中心からずれてぶつかるほうが自然です。それが回転力になり、自転が生まれたのです。

自転の速度はずっと同じ？

現在の自転の原因を、わざわざ46億年前までさかのぼるのはなぜでしょう。

それは、回り出すにはキッカケが必要で、なおかつ、回り出してからは簡単には止まらない「慣性の法則」があるからです。

それに、誕生時以外に自転を始める原因となるイベントも見当たらないので、誕生時というわけ。

ところで、地球の自転は、誕生してから今までずっと一定だったかというと、そうではなく、地球ができた頃は、1日が10時間にも満たない程度でした。

それがだんだん遅くなって、今でも100年に1000分の1秒のペースで遅くなっています。

これは、とても近いところにいる月の影響です。

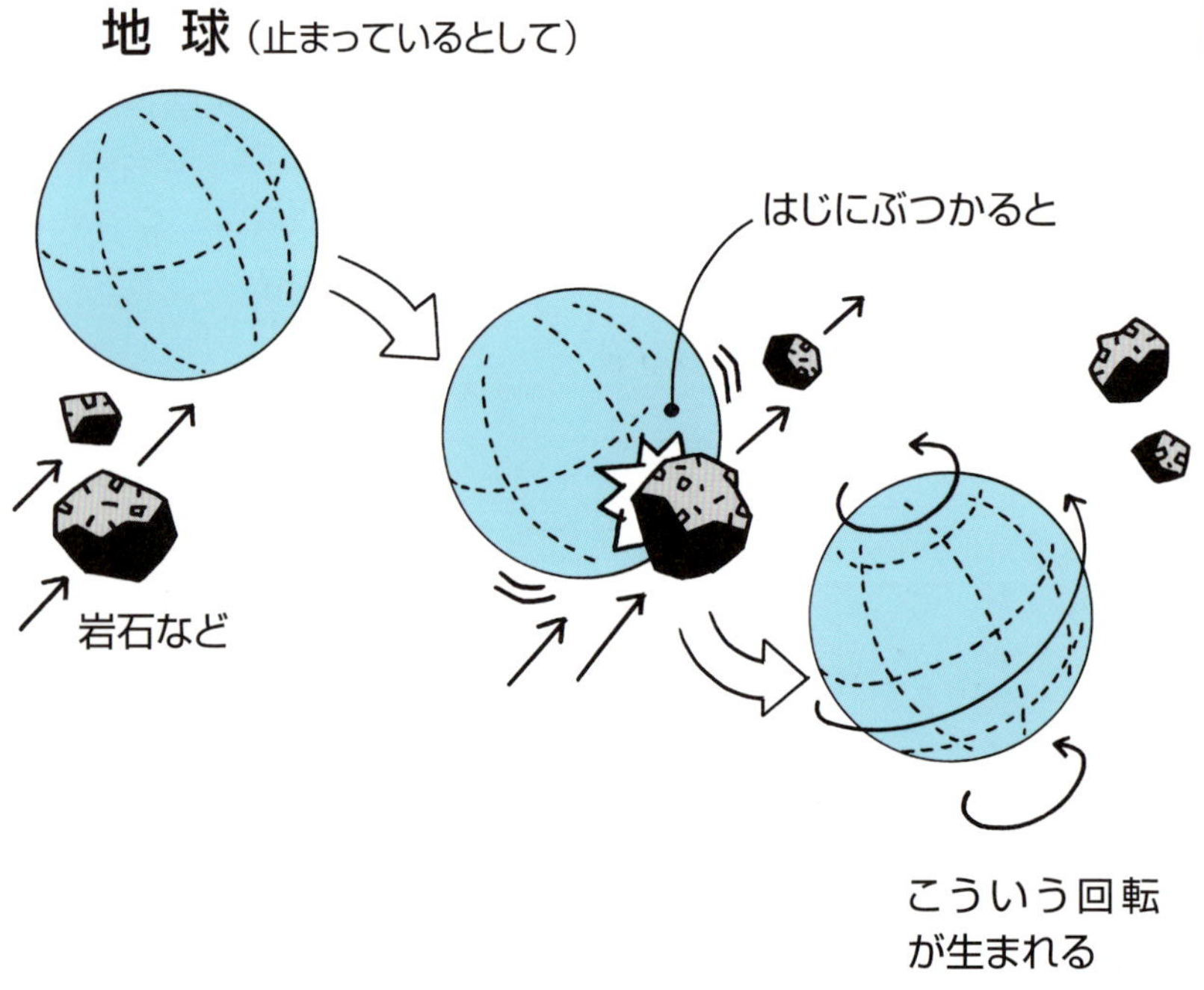

ブラックホールとは何か？どうやって発見されたのか？

超新星爆発 見えない星を「見る」

宇宙空間に巣食う亡霊？

「あいつの部屋はまるでブラックホールだな……」

と、日常会話で使うかどうかはともかく、ブラックホールは、重力が強いため、すべての物質を飲み込み、光さえ脱出できない天体です。

ブラックホールは、質量の大きい星が死んだあとに宇宙空間に巣食う亡霊のようなもの（といっては、あまり科学的ではないのですが）です。

太陽の8倍以上の質量をもった星はどんな星でも、死を迎えるときに、「超新星爆発」というすさまじい爆発を起こし、星の外側を吹き飛ばします。

しかし、中心核は重いため、吹き飛ばずに残って、自らの重力で縮んでいきます。このときの質量が太陽の2〜3倍以上の場合、自分自身の強い重力のために重力崩壊し、ついには物質が外に飛び出せないブラックホールという空間を作るのです。

ブラックホールの見つけ方

でも、光が抜け出せないということは真っ暗ということ。どうやって見つけるのか気になりますね。

実は、まわりに及ぼす重力などの影響で間接的に「見える」のです。

例えば、たくさんの星が回るには中心に重い星が必要ですが、「見えないけれど大質量が集中している」ことが計算でわかると、ブラックホールの候補になります。銀河系の中心はこの例です。

また、見える星が、見えない星とコンビを組んでお互いのまわりを回ってふらつき、見えない星から高エネルギーの電磁波（X線、γ線）や粒子が放射されていると、それはブラックホール以外には説明がつかないので、候補になります。

超新星爆発

質量が太陽の8倍以上の星の最期

重い中心核は重力収縮を続ける
このときの質量が太陽の2〜3倍以上の場合

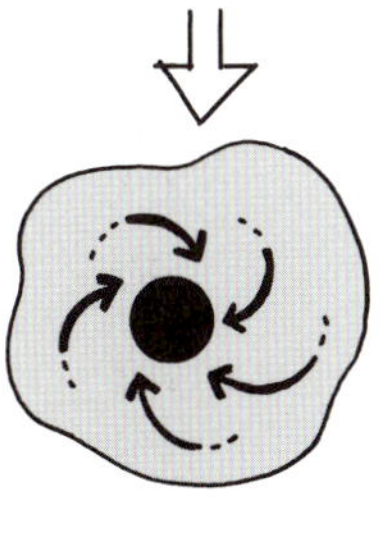

光も脱出できないブラックホール誕生！

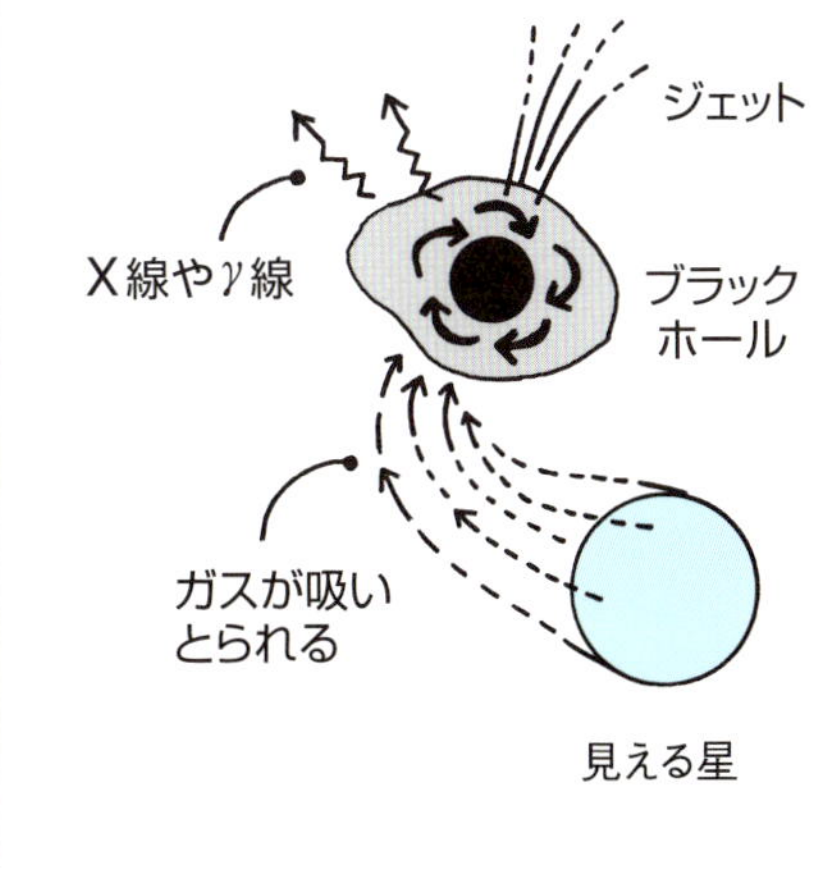

第4部

宇宙の銀河は、なぜ網の目の模様に分布しているのか？

宇宙の大規模構造

壮大な宇宙の構造は石けんの泡？

今、頭上にありったけの星が出ているとします。天の川も、もちろんくっきり見えています。

このとき、あなたが肉眼で見ている星は、ほとんどが銀河系の中の星ですが、銀河系の外の星も少しは見えるはずです。

ただし、星といっても、ぼうっと雲のように見える「星の集まり」です。これは、アンドロメダ銀河とか大マゼラン星雲（南半球からしか見えない）など、私たちの銀河系の近くに位置する銀河です。

宇宙は、ロシアのマトリョーシカ人形のように階層構造になっています。

私たちの地球は太陽系の一部で、太陽系は銀河系の一部です。その銀河系はさらに数十個の銀河が集まった局部銀河群の一部で、局部銀河群は、さらにさらに大きな局部超銀河団に含まれています。

そして、銀河団や銀河群は宇宙に適当に分布するのではなく、まるで、石けんを泡立てたときにできる泡の膜のように分布していることがわかっています。

つまり、銀河は泡の膜のところに存在し、泡の中の超空洞には、ほとんど銀河が存在しないのです。

このような宇宙の大規模構造は1980年代にわかったのですが、これがどうやってできたのかは、今なお明らかになっていません。

現在多くの研究者に受け入れられているシナリオでは、宇宙初期の小さな密度のゆらぎが、自分自身の重力によって、成長してできたものだと考えられています。

夜道に空を見上げながら、こんなウンチクを語ってみたら、ちょっと尊敬されるかもしれませんね。

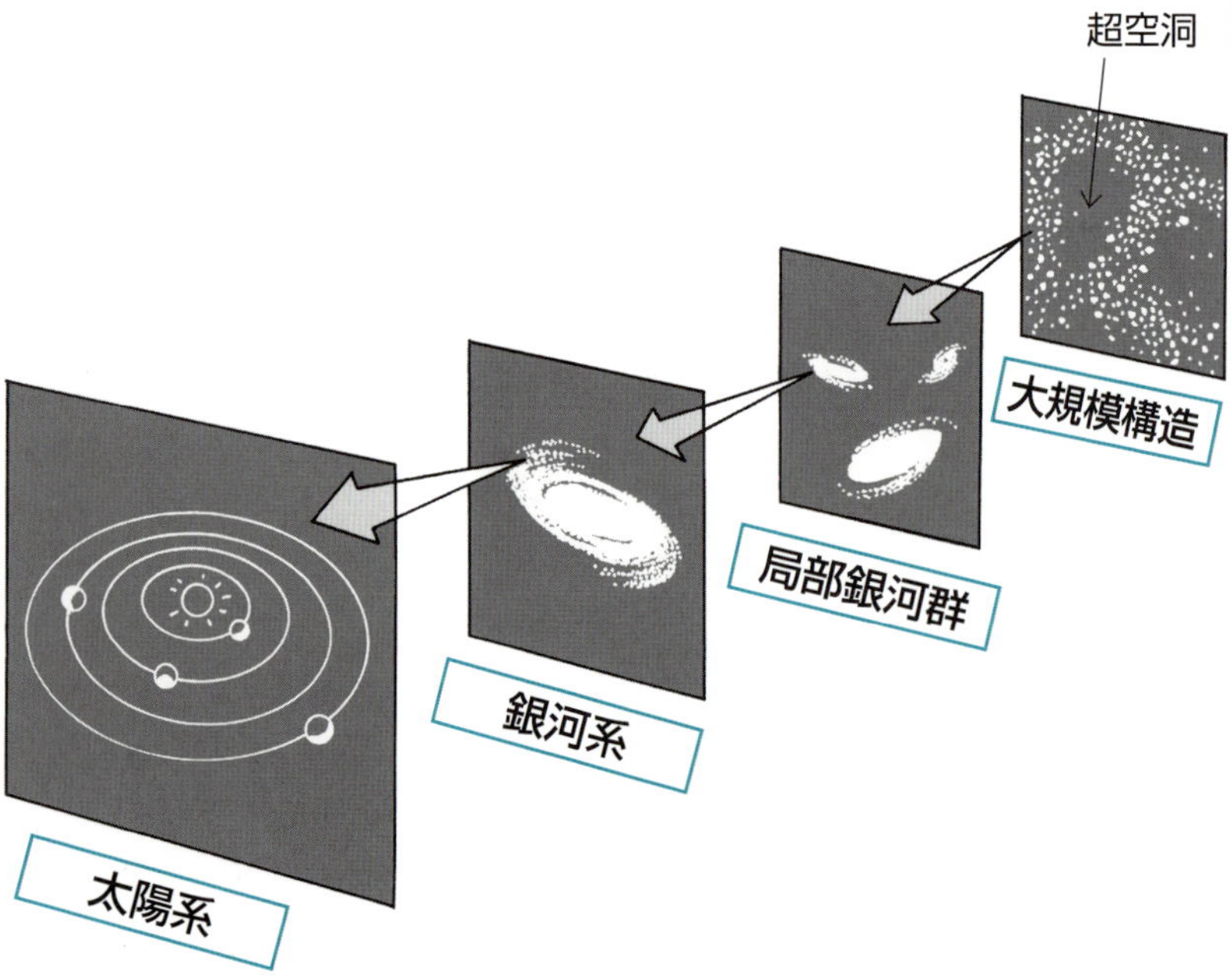

太陽系外の惑星は、地球から見ることができるのか？

ドップラー法とトランジット法

直接観測するのは難しい

惑星といえば太陽系内の話だったのは、いまや昔の話。系外惑星発見では、口径8・2メートルのすばる望遠鏡や、ヨーロッパ南天天文台の3・6メートル望遠鏡など、巨大望遠鏡の活躍が目立ちます。

これは、惑星の公転の動きによって中心の恒星が揺さぶられ、微小にふらつく際の光のドップラー効果を検出する「ドップラー法」という手法だからです。

系外惑星は、核融合で光を放つ恒星のすぐ近くを回っている天体です。これはまるで、ヘッドライトを点灯している車の隣を飛ぶホタルを、遠くから探すようなもの。

直接観測するのは大型望遠鏡でも難しいのです（最近は、中心星の光をマスクで隠して惑星を直接観測する方法も研究されています）。

アマチュアにもできること

では、アマチュアレベルの小さな望遠鏡では、系外惑星を見ることはできないのでしょうか。

全く別の方法を使えば、口径10センチぐらいの望遠鏡でも、系外惑星を直接見ることはできなくても、検出できるのです。

これは、惑星が恒星の前を通り過ぎるときに、恒星の明るさがほんの少し暗くなるのを捉える方法で「トランジット法」と呼ばれます。

とはいえ、地球から見て惑星が恒星の真ん前を通過する位置関係になる確率はとても小さいでしょうから、宝くじで1等を当てるくらい難しいかもしれません。

ほかの手法で発見された惑星をこの方法で確認し、質量や密度、大気の組成を明らかにしようというアマチュアの試みが期待されています。

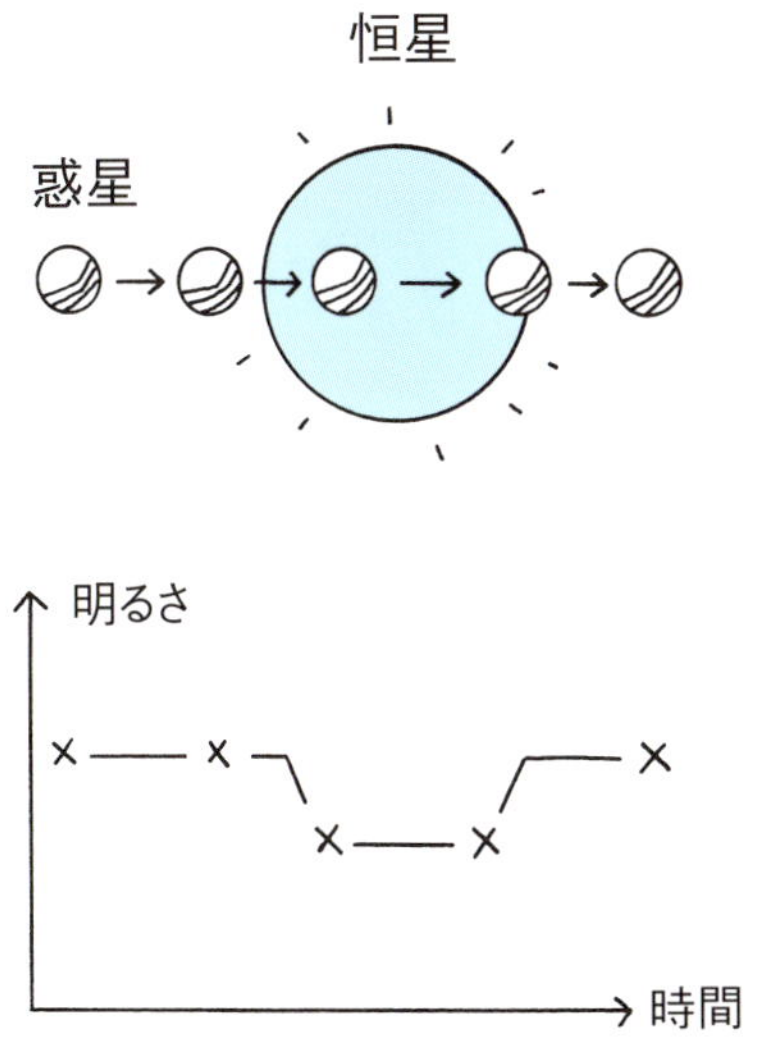

●トランジット法
（口径10cmぐらいの望遠鏡でも可）

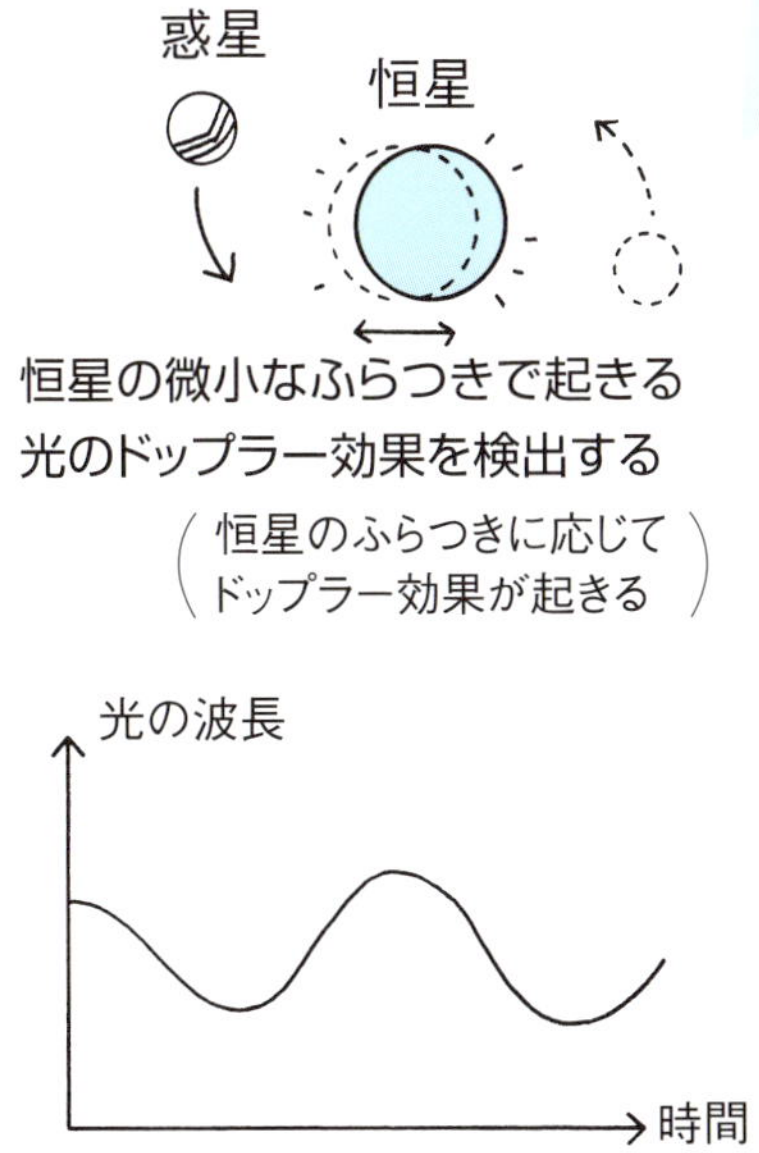

●ドップラー法
（大型望遠鏡だけ）

宇宙に知的生命体が存在している確率はどれくらいなのか？

ドレイクの方程式

銀河系に100万の地球がある？

宇宙、いやまずは銀河系の中に知的生命体がどれくらいいるのでしょうか。

こんな漠然とした問いに科学的に答えるために、米国の天文学者、フランク・ドレイクが発表したガイドラインとなる考え方があります。

それは、「ドレイクの方程式」と呼ばれる確率の式で表せます。

7つの要素を掛けあわせることで、銀河系内で、電波による通信技術をもつ、高度な文明の数を見積もろうという式です。

ドレイクの方程式は、

$N=R^{*}\times fp\times ne\times fl\times fi\times fc\times L$

です。ここで、

R^{*}は、銀河系の中で1年間に生まれる恒星の数

fpは、恒星が惑星系をもつ割合

neは、1つの惑星系の中で、生命に適した環境をもつ惑星の数

flは、その惑星のうち、生命が実際に発生する割合

fiは、発生した生命が知的能力をもつまで進化する割合

fcは、その知的生命体が電波による星間通信を行う割合

Lは、その文明が電波による通信を行う期間の長さ

です。

R^{*}は天文観測から10個程度、fpは系外惑星の観測から0・1以上だろうと思われますが、その他の要素にどんな数字を入れるかは未確定で、人によってまちまちです。

仮にR^{*}=10、fp=0・5、ne=1、fl=0・2、fi=1、fc=1、L=100万とすると、N=100万となり、銀河系に約2000億個ある恒星のうち、20万分の1の恒星のまわりには知的生命のいる惑星が存在している計算になります。

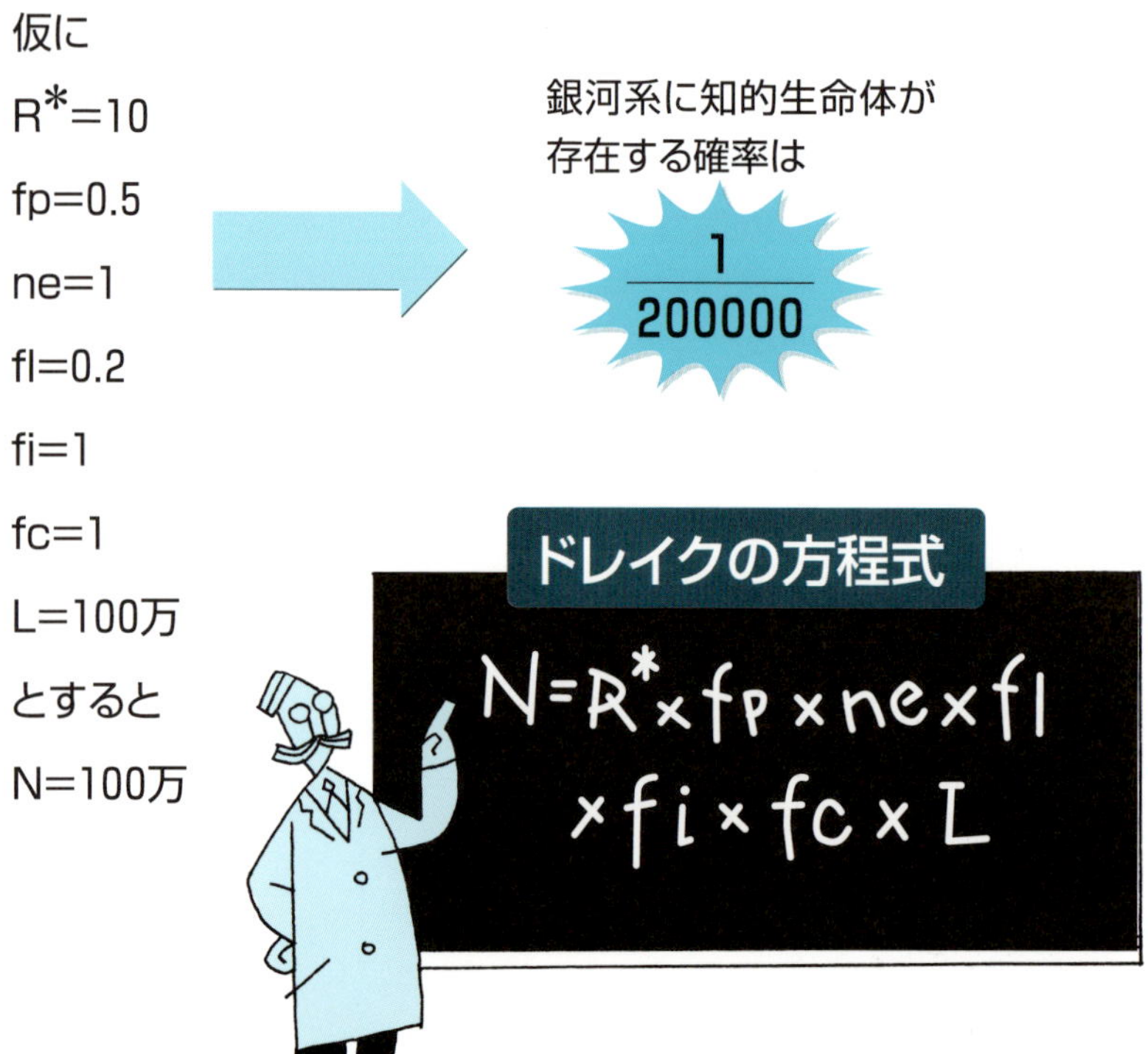

火星に四季があるというのは本当か？

25度の傾きの自転軸

砂嵐の夏と氷の冬

赤い砂漠が続く乾燥冷凍の火星。こんな惑星にも、それなりの四季があるといいます。

四季がある理由は、簡単にいえば自転軸が25度傾いている（地球と同じくらい）からです。

自転軸が傾いているので、火星が公転するにつれて、太陽光を浴びる時間の長さが変化するのです。この事情は地球と同じです。

しかも、火星の公転軌道は、地球と違って楕円形で、火星の南半球側が夏になるときが太陽に一番近づくので、南半球の夏は、北半球の夏よりも気温が上がり、大規模な砂嵐なども発生します。

また、火星の両極地方には、白く見える「極冠」があります。これは二酸化炭素の氷（ドライアイス）と水の氷でできています。

極冠は、冬になると中緯度地方にまで広がりますが、春になると太陽光で暖められ、ドライアイスが蒸発してなくなります。北半球の夏には、頻繁に雲が発生することも観測されています。

このように地球からの観測で四季の変化が見えるものの、決して居心地はよさそうではありませんね。

地球と火星の運命の分かれめは？

兄弟星として生まれた地球と火星の最大の分かれめは、何だったのでしょう？

それは、大きさと太陽からの距離の違いです。火星の大きさは地球の半分です。重力が小さいため、大気圧は地球の0・6%しかありません。しかも、太陽から遠いので受け取る熱が少なく、大気中の水蒸気がすぐに冷やされて、雪や氷になってしまうのです。

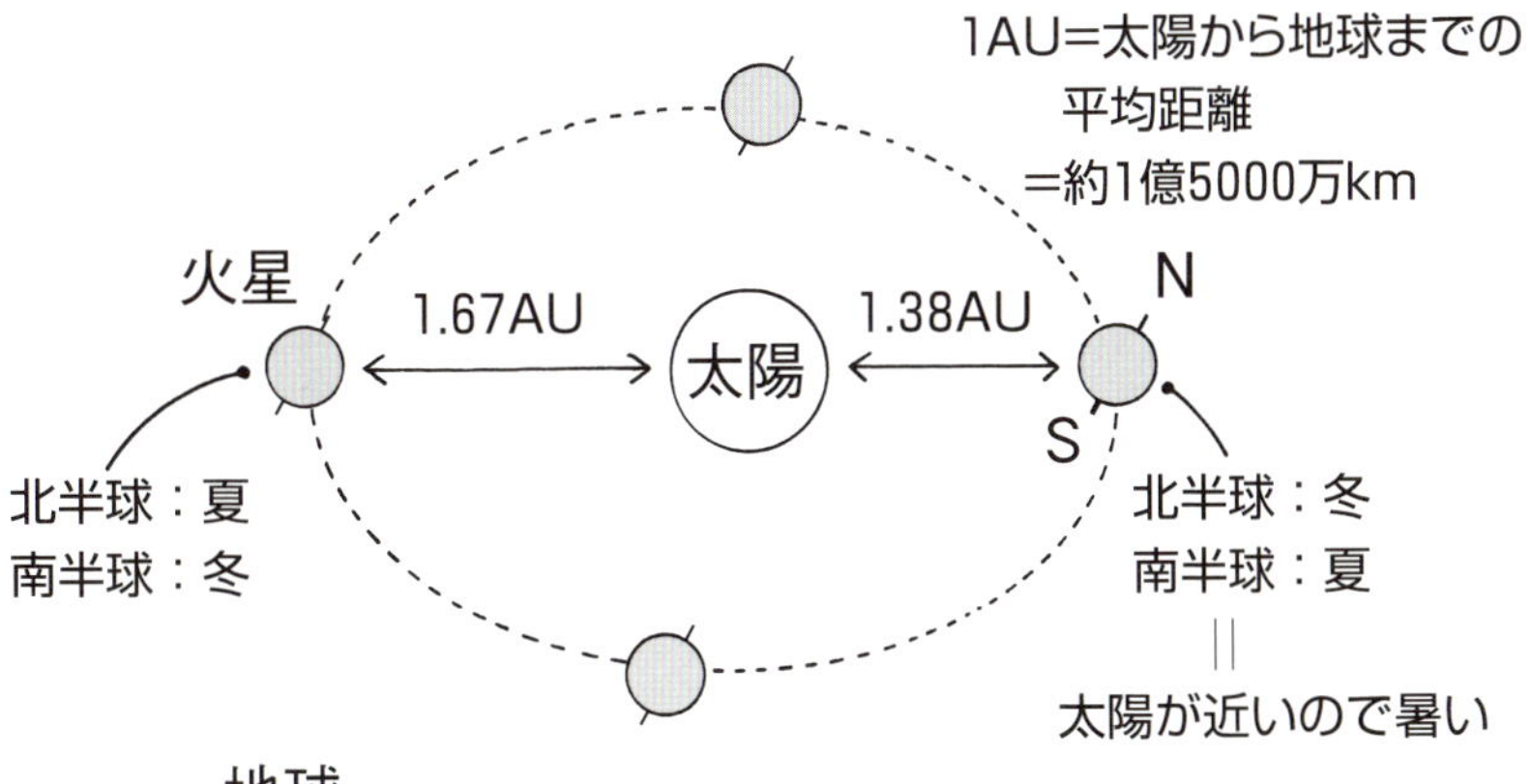

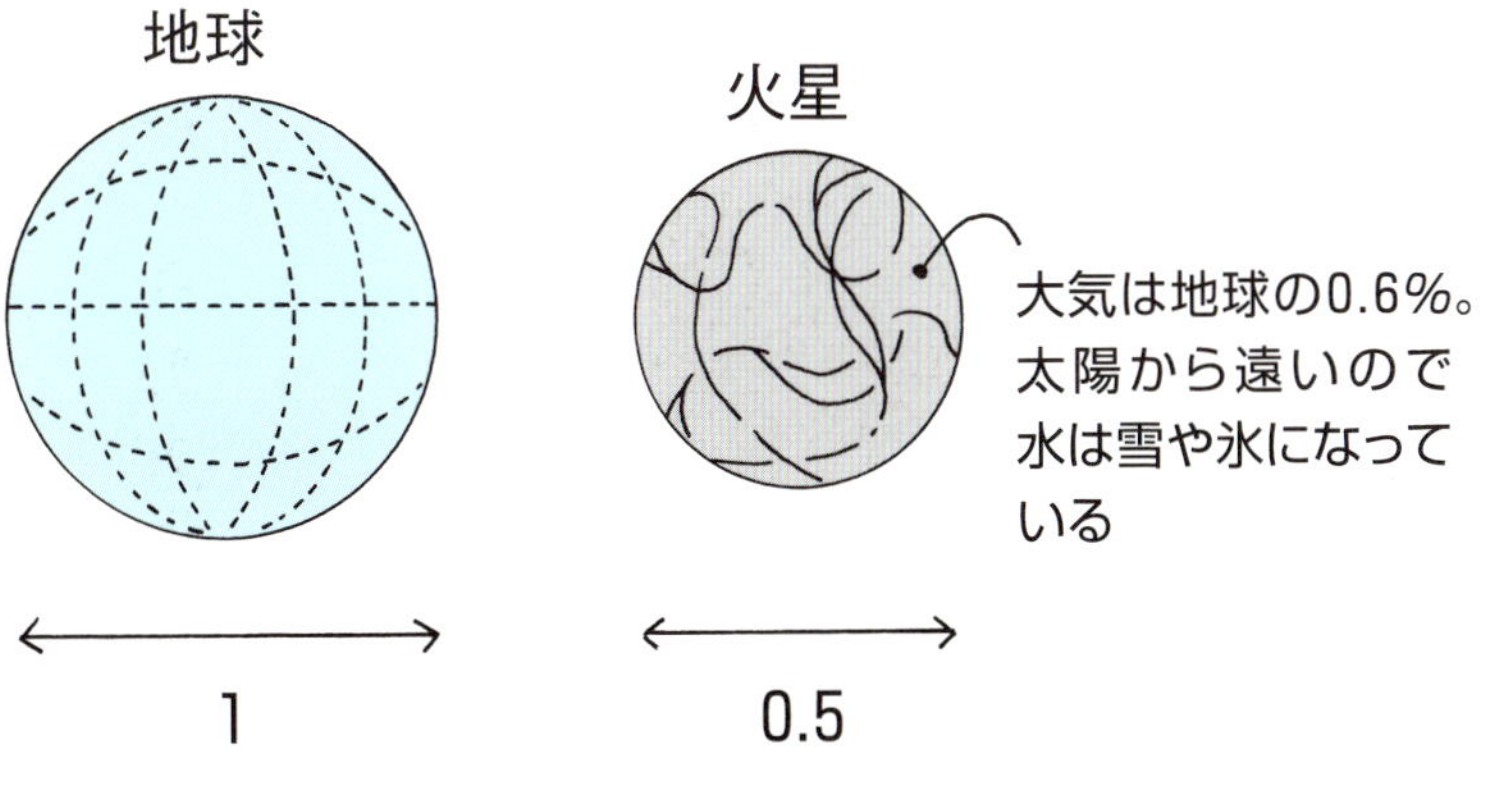

月はどうやってできたのか？

ジャイアント・インパクト説

劇的な巨大衝突で誕生した

月は天文学の視点で見ると、異常な天体といえます。

まず、月の直径は地球の約4分の1もあります。火星や木星、土星などにも衛星がありますが、惑星の大きさに対して、これほど大きな衛星は、少なくとも太陽系の中ではほかに例がありません。

そのため、月がどうやってできたのかは、長年の謎でした。

現在の月の起源説としてもっとも有力な説は、「ジャイアント・インパクト（巨大衝突）説」です。

これは、今から45億年ぐらい前、生まれて1億年ほどしかたっていない原始地球に、火星ほどの大きさの原始惑星が衝突し、その衝撃で飛び散った破片が円盤状に集まって、地球のまわりを回るうちに、破片が再び合体して月になったというシナリオです。

この様子はコンピュータ・シミュレーションで再現できます。それによれば、早ければ衝突からたった1か月で、月が完成したということです。

ジャイアント・インパクト説の根拠

このような説を大勢の科学者が受け入れる根拠になったのは、アポロ計画で採取した月の岩石です。

鉄が少なく、地球のマントルのものと似ており、巨大衝突で原始地球のマントルが月になったことを暗示していました。

また、月の岩石には揮発性物質や軽元素がほとんど含まれていないこともわかり、それらが気化してしまうほどの高温状態で月が形成されたことを示しています。

これも巨大衝突と矛盾しないのです。

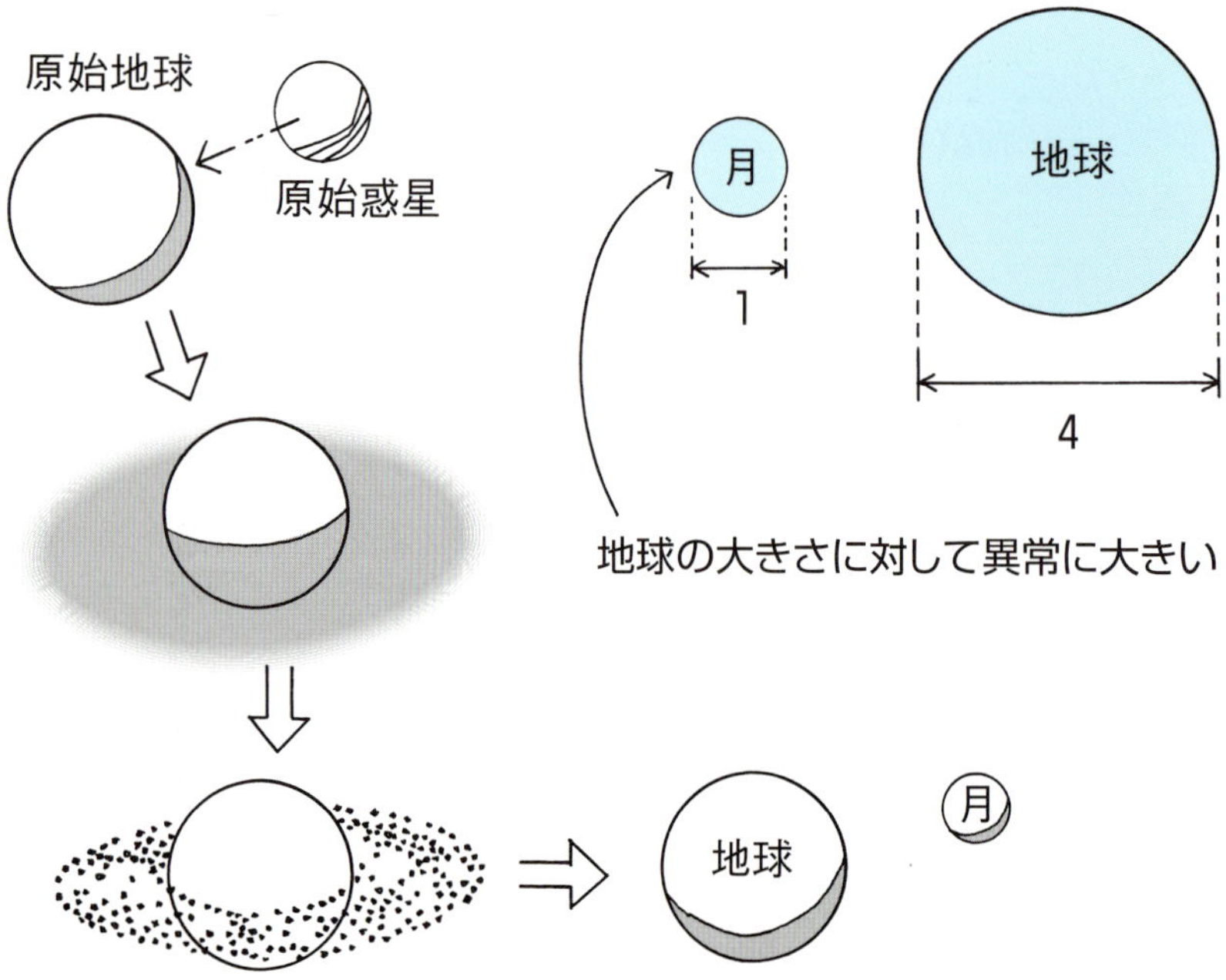

地球の大きさに対して異常に大きい

ジャイアント・インパクト（巨大衝突）説

月の裏側は、どうしても見ることができないのか？

地球の重力

月と地球がペアを組んだ

月を見て、

「あ〜、今日もウサギがお餅をついてるね……」

「ん？　あのウサギ、この間と同じポーズだよね」

と思ったことありませんか？

まあ、ウサギでなくても、月は同じ模様だと思っていた方は観測眼が素晴らしいです。

それもそのはず、意外に知られていないのですが、私たちが見ることができるのは、いつも月の表だけ。つまり、月はいつも同じ面だけを、地球に向けているのです。

なぜこんなことが起きているのでしょうか。それにはちゃんとわけがあるのです。

前項の「月はどうやってできたのか？」の項で紹介したように、月は巨大衝突で生まれました。その頃の月は今よりも地球の近くにあって、重力でお互いに引っぱりあう力も強かったため、「潮汐力《ちょうせきりょく》」（赤道を引っぱってゆがませる力）も強かったのです。

しかも、その頃の月はまだドロドロに溶けていたため、地球から引っぱられるままに変形し、やがて固まっていきました。

あるとき、その変形が進んで月がわずかにラグビーボールのような形になると、地球にもっとも近い月のでっぱり部分に地球の重力が一番働くので、ラグビーボールの長軸を地球側に向けるのが、一番安定します。

そして、少しでも月が横を向こうとすると、元に戻されるようになるのです。

このようにして、月はいつも同じ面を地球に向けながら地球のまわりを公転するようになったというわけです。

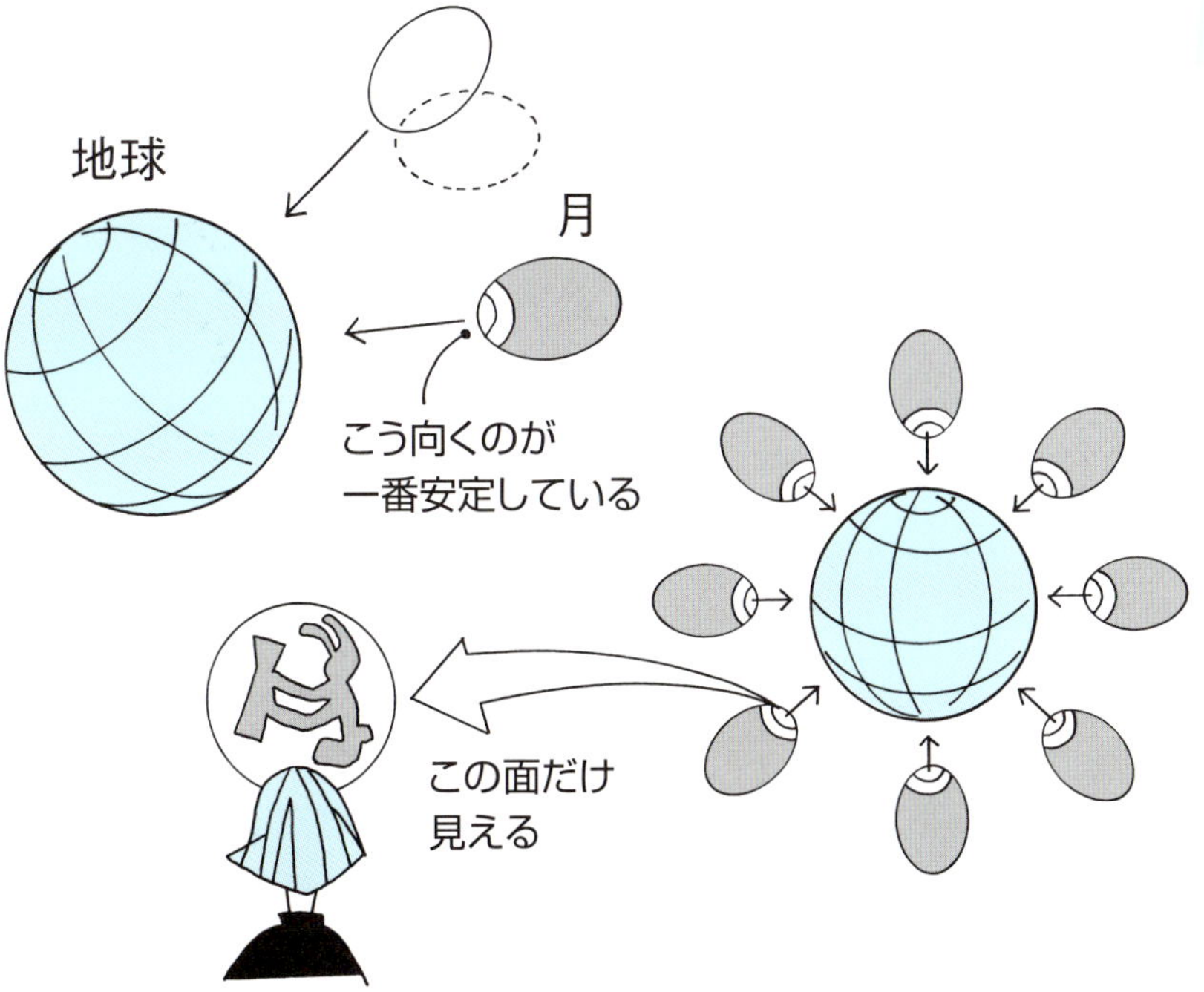

小惑星は何を教えてくれるのか？

太陽系の謎の究明

惑星よりも小さい天体

アポロ、イカルス、エロス、セドナ、ヘルメス、クレオパトラ、イトカワ、タコヤキ……。

んっ？　たこ焼き!?

はい、これも小惑星の名前です。小惑星の名前は発見者に命名権があります。「TAKOYAKI」は、2001年に大阪で開かれた宇宙関連のイベントで、発見者の好意で子どもたちから候補名を募集し、多数決で決めた名前だそうです。

小惑星というと、名前と地球への衝突の話題が多いのですが、科学的にもとても興味深い天体です。

その定義は、太陽のまわりを回る「惑星よりも小さな天体」というシンプルなものです。

だいたいは、火星と木星の間の小惑星帯にあり、その数は十数万とも何百万ともいわれています。大きさは隕石サイズから直径1000キロクラスまでで、形も様々です。

また、小惑星は、太陽系ができたときの材料物質の残りと見られ、太陽系の起源を知るために重要な情報をもっているらしいのです。

さらに、小惑星はいくつかの種類に分類できますが、一部のものは金属が豊富で、鉱物資源の宝庫といわれています。

実際にどの小惑星に、どんな資源が、どれくらいあるのかはまだわかりません。

そういうわけで、太陽系の謎を解明するためにも、資源調査のためにも、各国で小惑星探査機による探査が始まっています。

日本の「はやぶさ」が、小惑星「イトカワ」のサンプルを2005年に採取して2007年に地球にもち帰るミッションを皮切りに、日本の小惑星探査も面白くなりそうです。

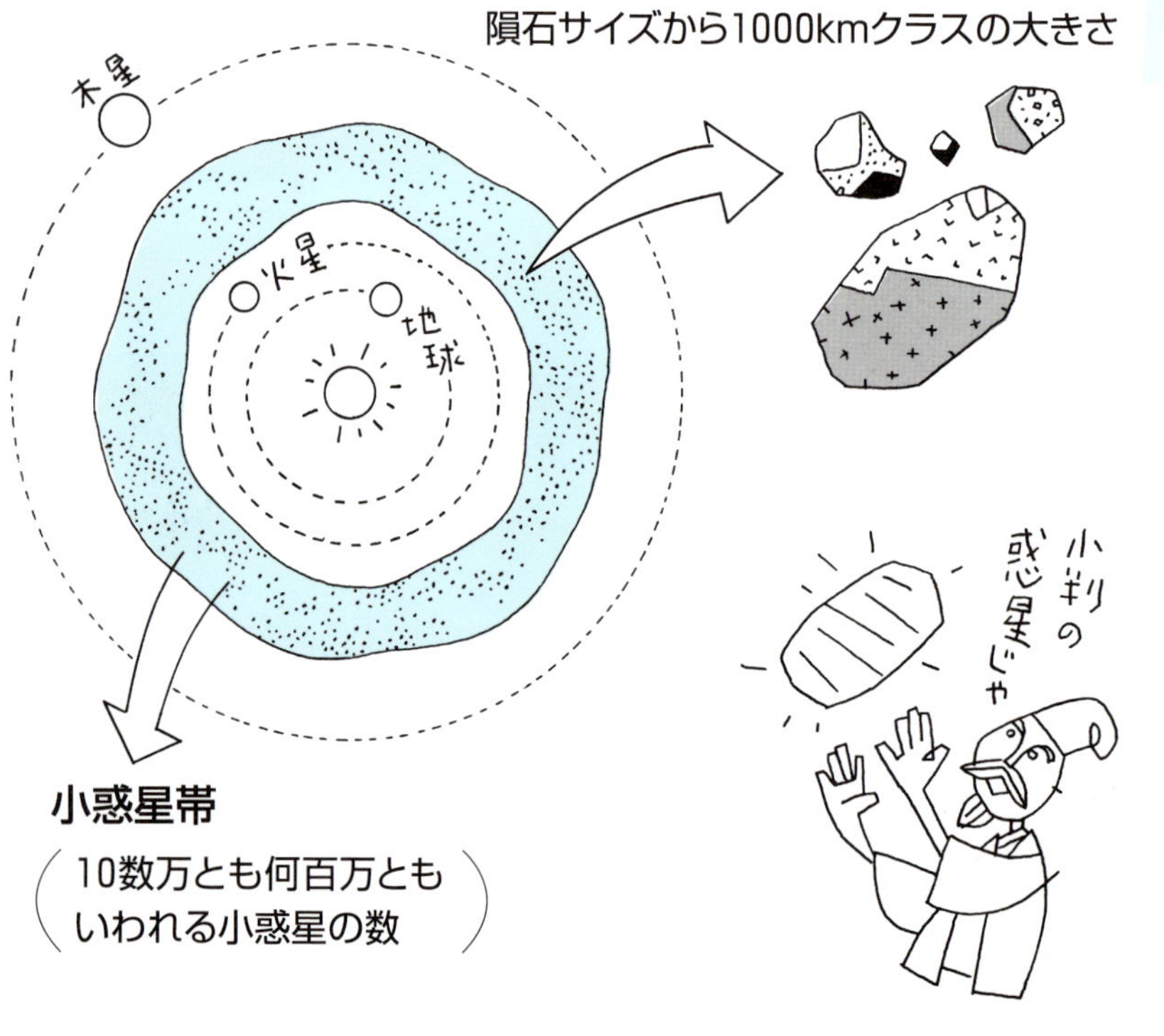

物理な Column 4

宇宙人が地球にきていない理由

ＵＦＯを見ることができる人

私は宇宙物理学を学んできたので、地球外生命というものにとても興味があります。ただ残念ながら、それは「宇宙人」ではありません。まあ、確率の問題として宇宙人が存在するかどうかといわれれば、絶対にゼロ、とは断言できませんが。

それはさておき。ＵＦＯ（未確認飛行物体）を見たという人、けっこういます。私のまわりにもいるのですが、彼らは決してふだんから「お、ちょっと変だぞ」などという怪しい人ではなく、ごくふつうの、いやふつう以上の社会人でもあります。

ではなぜ彼らはＵＦＯを見たというのでしょうか。考えられるのは、①本当にＵＦＯは存在する、②嘘をついている、③幻を見た、ということでしょうか。

①の現実にＵＦＯが存在する、というのはちょっと考えられません。というのも、みんなが見ていないからです。

ＵＦＯはなぜか都会が嫌い、たくさん人間がいるところも嫌い、ましてテレビなんかに出るのはとんでもない、とすると、人ごみに出ると尻尾を垂れて動かなくなる犬みたいで、どうも現実的ではありません。

②の彼らは嘘をついているのか。少なくとも私の知っているＵＦＯ遭遇者は、とても嘘をつけるような人ではありません。

では、③幻を見たのか。ありもしないものを見る、ということは確かにありますが、コラム1で触れた幽霊と違って、ＵＦＯは昼間も出るし動きも激しく、何かと見間違えた、という可能性は低いと思われます（夜間のサーチライトなどは別として）。

記憶のイタズラ

では何か。

それは、「記憶のイタズラ」だといわれています。

幼いときにＵＦＯを見た、宇宙人に会った、寝ていたら宇宙人にさらわれた、という類は、あとに自分の脳の中で作り出した「ニセの記憶」で、それらはＳＦっぽい宇宙人話を見聞きすることで味付けされ脚色されて、本当に体験したかのように感じるということです。

物理の立場から見ますと、ＵＦＯというのは非常に興味深いもので、あのような形状で飛びながらスピードを出して、ほとんど音がしない（そういえばＵＦＯの音って残っていませんよね）というのは、原理的にどう考えればいいのか、思考の体操には面白い材料ではあります。

参考文献

「ハテ・なぜだろうの物理学」J・ウォーカー（培風館）
「一億個の地球」井田茂・小久保英一郎（岩波科学ライブラリー）
「流れのふしぎ」日本機械学会編（講談社）
「音のしくみ」中村健太郎（ナツメ社）
「物理と化学の基礎」物理と化学の基礎教育研究会（丸善）
「料理のわざを科学する」P・バラム（丸善）
「大宇宙・七つの不思議」佐藤勝彦（PHP文庫）
「理科年表」国立天文台編（丸善）
「地磁気逆転X年」綱川秀夫（岩波ジュニア新書）
「謎だらけ・雷の科学」速水敏幸（講談社）
「大問題！」東京理科大学（ぺんぎん書房）
「地球と宇宙の小事典」家正則（岩波ジュニア新書）
「宇宙300の大疑問」ステン・F・オデンワルド（講談社）
「雨の科学」武田喬男（成山堂書店）
「物理質問箱」都筑卓司ほか（講談社）
「物理で読みとくフシギの世界」小暮陽三（日本実業出版社）
「面白いほどよくわかる物理」長澤光晴（日本文芸社）
「宇宙史の中の人間」海部宣男（講談社+α文庫）
「物理の小事典」小島昌夫・鈴木皇（岩波ジュニア新書）
「進化する地球惑星システム」東京大学地球惑星システム科学講座（東京大学出版会）
「ダイヤモンドとガラス」境野照雄（裳華房）
「物理のしくみ」小暮陽三（日本実業出版社）
「生物海洋学入門」Carol M.Lalli（講談社）
「オーロラ」上出洋介（山と渓谷社）
「メカニズム解剖図鑑」和田忠太（日本実業出版社）
「大槻教授の反オカルト講座」大槻義彦（ビレッジセンター出版局）
「なぜだろう？」ダニエル・ハーシェイ（講談社）
「科学　頭の体操」C・P・ヤルゴスキー（講談社）
「そうだったのか！」ジェイ・イングラム（講談社）
「科学・178の大疑問」Quark・高橋素子編（講談社）
「科学・おもしろ質問箱」広見直明（講談社）
「パズル・身近なふしぎ」パーサ・ゴーズ（講談社）
「椿の花に宇宙を見る」寺田寅彦（夏目書房）

■著者紹介

瀧澤美奈子

1972年生まれ。東京理科大学理工学部物理学科、お茶の水女子大学理学研究科物理学専攻卒業後、情報通信機器メーカーを経て科学ジャーナリストに。知的好奇心を満たし心豊かに生きるヒントとなる科学読み物作りを目指している。東京都大田区在住。
著書に『科学のニュースが面白いほどわかる本』『この理科わかる？』（ともに中経出版）
ホームページ：「科学ニュースナビゲーター」
（http://www.t-linden.co.jp/science/）

図解《ずかい》
「物理《ぶつり》」は図《ず》で考《かんが》えると面白《おもしろ》い

2005年12月15日　第1刷
2008年12月25日　第4刷

著　　者　瀧《たき》澤《ざわ》美《み》奈《な》子《こ》

発 行 者　小澤源太郎

責任編集　株式会社 プライム涌光

電話　編集部　03（3203）2850

発 行 所　株式会社 青春出版社

東京都新宿区若松町12番1号〒162-0056
振替番号　00190-7-98602
電話　営業部　03（3207）1916

印刷　錦明印刷　　製本　誠幸堂

万一、落丁、乱丁がありました節は、お取りかえします。
ISBN4-413-00807-3 C0042